Konan Emmanuel KOUADIO

Integração socioeconómica dos repatriados na Costa do Marfim

Konan Emmanuel KOUADIO

Integração socioeconómica dos repatriados na Costa do Marfim

ScienciaScripts

Imprint

Any brand names and product names mentioned in this book are subject to trademark, brand or patent protection and are trademarks or registered trademarks of their respective holders. The use of brand names, product names, common names, trade names, product descriptions etc. even without a particular marking in this work is in no way to be construed to mean that such names may be regarded as unrestricted in respect of trademark and brand protection legislation and could thus be used by anyone.

Cover image: www.ingimage.com

This book is a translation from the original published under ISBN 978-620-6-71146-9.

Publisher:
Sciencia Scripts
is a trademark of
Dodo Books Indian Ocean Ltd. and OmniScriptum S.R.L publishing group

120 High Road, East Finchley, London, N2 9ED, United Kingdom
Str. Armeneasca 28/1, office 1, Chisinau MD-2012, Republic of Moldova, Europe
Printed at: see last page
ISBN: 978-620-8-07790-7

Conteúdo

Os fluxos migratórios não são um fenómeno novo, nem são estritamente modernos (Bertrand BADIE, 1993, p 2). São a consequência de diversas causas políticas, económicas, sociais e humanitárias (Maurizio Ambrosini, 2010, p 3). Em África, em geral, e na Costa do Marfim, em particular, as migrações populacionais são causadas por uma variedade de factores, incluindo guerras, agitação sociopolítica, catástrofes naturais (secas e inundações) e a procura de maior bem-estar. As zonas geográficas especializaram-se como centros de partida, de trânsito e de acolhimento de migrantes de todos os tipos. O centro da Costa do Marfim tornou-se uma zona de partida para as pessoas fisicamente aptas que se dirigiam para as zonas florestais e para as grandes cidades do país (M. Lessourd, 1985, p 85). Mas, atualmente, assiste-se a um regresso dos migrantes a esta região da Costa do Marfim, em geral, e à subprefeitura de Boli, em particular. De um modo geral, em África, e em particular na Costa do Marfim, a integração socioeconómica dos imigrantes e dos retornados é um problema quotidiano que tem de ser resolvido. Esta equação perigosa não poupa as populações e as autoridades das cidades de acolhimento, nem mesmo as autoridades nacionais. A jovem subprefeitura de Boli, no coração do povo Baoulé, assiste ao regresso de algumas das suas forças vitais que deixaram as suas diversas aldeias desde o início da crise militar e política na Costa do Marfim. Para medir o grau de integração socioeconómica dos retornados, propomos realizar uma investigação sobre as formas de integração dos retornados no tecido social e económico da sub-prefeitura de Boli.

INTRODUÇÃO GERAL

A introdução ao nosso trabalho está estruturada da seguinte forma

1. Compreender o assunto

A migração das populações é um fenómeno global que existe há milhares de anos. Afecta tanto os seres humanos como os animais. A Costa do Marfim, que se tornou uma colónia francesa em 1893, não ficou imune. As populações do centro do país em geral, e as da sub-prefeitura de Boli em particular, emigraram desde o período colonial para as zonas florestais e urbanas da Costa do Marfim, e mesmo para países estrangeiros. Embora esta sub-prefeitura continue a assistir à emigração dos seus filhos e filhas corajosos, assiste atualmente à imigração de certas populações marfinenses e não marfinenses. Entre estes imigrantes, conta-se um número significativo dos seus "filhos".

O movimento de regresso à região ou à aldeia de origem foi durante muito tempo negligenciado do ponto de vista estatístico, o que dificultou o seu estudo, e a investigação sobre ele é escassa, nomeadamente no caso do centro da Costa do Marfim. A migração de retorno é uma questão complexa que pode ser analisada de vários ângulos. A sua estreita relação com o desenvolvimento económico e social da região de origem levanta uma série de questões. Depende do perfil dos migrantes, do estado de preparação do seu regresso e da mobilização de recursos: capital financeiro e capital humano e social.

Apesar da chegada maciça de novas pessoas a esta circunscrição administrativa, a perfeita coesão social entre os habitantes mantém-se intacta. Além disso, as actividades económicas florescem em todas as localidades da subprefeitura de Boli. Não há qualquer sinal de tristeza no rosto dos habitantes, quer sejam não-emigrantes, emigrantes ou migrantes que regressam à subprefeitura.

A subprefeitura de Boli tornou-se assim um local de migração da população: muitas pessoas partiram para outros locais mais vantajosos e muitas pessoas chegaram em busca de melhores condições políticas, de segurança, sociais e económicas. Os antigos emigrantes também regressam a Boli sem criar verdadeiros problemas socioeconómicos.

A migração de retorno de pessoas para a sub-prefeitura de Boli e a sua integração socioeconómica estão, por conseguinte, na ordem do dia.

Qual é a integração socioeconómica dos retornados na sub-prefeitura de Boli? É este o objetivo do nosso estudo.

Através deste estudo, mostraremos os seguintes pontos:

> O perfil destes repatriados;

> As razões para esta migração de regresso ;

> Formas de integração no território de acolhimento.

2. Justificação da escolha do tema

A vida humana foi sempre pontuada por movimentos populacionais. Estes movimentos são caracterizados pelo fenómeno da migração. As pessoas migram em busca de uma vida melhor. Ao longo da história da humanidade, os movimentos migratórios têm sido constantes, afectando o mundo inteiro. Estas migrações têm várias razões: políticas, socioeconómicas e militares. Desde 1975, temos assistido a um tipo diferente de migração na Costa do Marfim. Trata-se do regresso de certos migrantes à sua região ou aldeia de origem, ou a uma zona onde vivem há pelo menos um ano. Este novo fenómeno migratório parece estar a aumentar em consequência das numerosas crises económicas e político-militares que abalaram o país desde 2002. Situada no centro da Costa do Marfim, a jovem sub-prefeitura de Boli não ficou à margem deste fenómeno. Os nativos e as pessoas que viviam em Boli estão a regressar pelas razões acima mencionadas.

Estes movimentos maciços de população têm impactos positivos e negativos no desenvolvimento do local de acolhimento através das actividades levadas a cabo pelos migrantes. De um ponto de vista sócio-cultural, a coabitação entre esta população que regressa, com novas culturas e conhecimentos adquiridos fora de Boli, e a população que permaneceu na zona e está enraizada na cultura local, é de interesse para os investigadores.

De um ponto de vista económico, o desenvolvimento económico desta circunscrição administrativa que poderia resultar desta migração de reconquista, tendo em conta as diferentes actividades económicas, nomeadamente agrícolas, poderia ajudar as autoridades administrativas, locais, regionais e mesmo nacionais nas suas diferentes políticas de desenvolvimento.

Todos estes interesses múltiplos aparentes levaram-nos a concentrar-nos na integração socioeconómica dos retornados na jovem sub-prefeitura de Boli.

3. Apresentação da zona de estudo

Situada no centro da Costa do Marfim e atravessada pela linha de caminho de ferro Abidjan-Ouagadougou, Boli é a sub-prefeitura principal e é acessível por estrada (15 km de Didiévi e 82 km de Bouaké) e por caminho de ferro (263 km de Abidjan, 61 de Bouaké). É uma das cinco sub-prefeituras do departamento de Didiévi, nomeadamente Boli, Didiévi, Molonoublé, Raviart e Tié-N'diékro. Situada a 315 km de Abidjan, a sub-prefeitura de Boli faz parte da região de Bélier. "Situa-se a 4°48 00 Oeste e 7°13 50.

Norte. A sub-prefeitura é atravessada de norte a sul pela linha férrea que liga Abidjan a Ouagadougou. Faz fronteira com as subprefeituras de Molonou-Blé a oeste, Didiévi a sul, Kouassi-Kouassikro a leste e Raviart e Tié-N'diékro a norte.

Figura 1: Mapa da zona de estudo

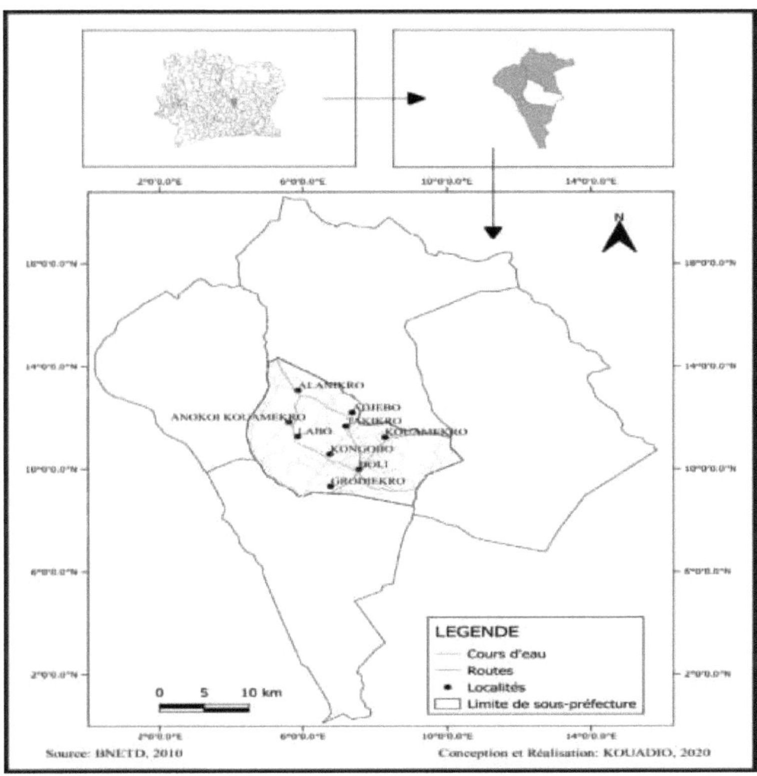

Durante décadas, a sub-prefeitura de Boli foi esvaziada dos seus corajosos filhos e filhas. Por conseguinte, foi uma zona de partida para os migrantes. Este fenómeno migratório, que começou com o fim dos trabalhos forçados, continuou nos anos 80, marcados por crises económicas e políticas. Mas por volta do ano 2000, marcado por disputas de terras e crises políticas e militares, uma parte destas pessoas partiu para vender os seus talentos noutros locais. As pessoas capazes e os cérebros estão a regressar à subprefeitura de Boli em busca de melhorias socioeconómicas e de segurança nas terras onde nasceram ou onde passaram a infância. Vêm das regiões florestais e das zonas urbanas para se instalarem na circunscrição administrativa cuja capital é Boli. A população da sub-prefeitura de Boli cresceu de 1998 a 2014 (RGPH 2014). Isto tem consequências socioeconómicas óbvias, incluindo as relações sociais entre a população e as mudanças na estrutura e no bem-estar da população.

Apesar do fim das crises militares, Boli continua a ser povoado por migrantes de retorno. Este fluxo inclui a chegada de nacionais e estrangeiros em busca de melhores condições de vida. Estas migrações têm impactos socioeconómicos positivos e negativos no meio de acolhimento em geral e nas populações imigrantes em particular. De facto, como o desenvolvimento de uma comunidade está ligado à sua sociedade, é inequivocamente aceite que todas as actividades realizadas pelos migrantes têm um impacto na vida da comunidade, daí a necessidade de estudar o impacto dos movimentos destes migrantes de retorno sobre eles próprios através do seu modo de integração.

A sub-prefeitura de Boli situa-se numa zona de grande potencial agrícola e apresenta ainda uma produção elevada de produtos agrícolas, nomeadamente inhame, castanha de caju, mandioca, etc. Além disso, esta subdivisão administrativa possui outros activos não menos significativos, como o comércio e os serviços. Estas actividades económicas favorecem intensos movimentos de população, pelo que é importante conhecer os padrões de integração socioeconómica dos migrantes regressados.

O presente estudo, intitulado "A integração socioeconómica dos retornados na subprefeitura de Boli", tem por objetivo analisar, através de uma abordagem científica, a integração socioeconómica dos retornados na subprefeitura de Boli.

1 REVISÃO DA LITERATURA

A literatura sobre estudos de migração é abundante. Abrange vários aspectos do fenómeno, a nível internacional, regional e mesmo nacional. Na Costa do Marfim, a migração de retorno é de interesse prolífico e dela decorrem várias definições de conceitos. Para aprofundar a nossa compreensão da integração social e económica dos migrantes em Boli e para responder às numerosas questões que se colocam no âmbito do nosso tema, consideramos necessário definir conceitos relacionados com o nosso tema.

I.1 Clarificar conceitos

É importante definir vários conceitos para compreender o nosso tema. São eles: > **Inserção**
O dicionário Larousse define-o como "o facto de fazer parte de um grupo, a maneira de se integrar".

> A migração de retorno

O conceito de migração de retorno é tão amplo que não existe uma definição universal. Na literatura, é possível encontrar uma série de definições. "Qualquer migração para o local de origem, independentemente da motivação" (J. P. Sanderson, 2015, p 56). O autor define a migração de retorno como uma deslocação para o local de nascimento ou de infância. Para o autor, a migração de retorno é o regresso de um indivíduo ao local onde passou a sua infância, portanto, em relação ao seu passado. "Um migrante de retorno é, portanto, uma pessoa que regressa ao seu ponto de partida, sem antecipar possíveis migrações futuras" (Véronique Petit, 2007, p 48). Véronique Petit define um migrante de retorno como um indivíduo que regressa ao local onde se encontrava anteriormente. J.L. Rallu define a migração de retorno com base na residência anterior do migrante. Todos estes autores se referem ao historial de um indivíduo para definir a migração de retorno. O MIREM (2007, p. 2) define a migração de retorno como "qualquer pessoa que regresse ao seu país de nacionalidade nos últimos dez anos, depois de ter sido um migrante internacional (de curta ou longa duração) noutro país". "Em última análise, um migrante regressado deve cumprir os seguintes critérios. Deve passar pelo menos um ano no país de origem após uma estadia de mais de um ano no estrangeiro" Marie-Laurence Flahaux (2009, p 13). Os dois autores têm em conta o aspeto sociológico ao definirem o migrante de retorno como alguém que regressa ao seu local de origem. "Um migrante de retorno é definido como uma pessoa nascida no país ou região onde está registada ou recenseada, tendo residido noutro país ou região numa data anterior" (J. L. Rallu, 2003, p 188). Para o autor, um migrante de retorno é alguém que regressa ao seu local de nascimento depois de ter residido noutro local. "O migrante de retorno é um indivíduo que, depois de ter efectuado uma ou várias migrações, regressa à sua sub-prefeitura de nascimento" (C. Beauchemin, 2000, p 303). Para Beauchemin, um migrante de retorno é uma pessoa que regressa ao seu local de nascimento depois de se ter deslocado para vários outros locais. "A migração de retorno faz parte de um regresso à ruralidade, ao campo" (Thomsin, 2001, p 42). Para o autor, a migração de retorno é o movimento dos migrantes da cidade para as zonas rurais. Para estes outros, a migração de retorno é definida em termos de localização geográfica.

Para nós, um migrante de retorno é alguém que regressa para viver no seu local de origem, nascimento ou infância.

> Socioeconómico

A socioeconomia ou socioeconomia é uma mistura de economia e sociologia. Tem por objetivo integrar os instrumentos da economia com os da sociologia, a fim de examinar a evolução económica das sociedades. Segundo o dicionário LAROUUSE, o termo socioeconomia é um adjetivo qualificativo relativo aos problemas sociais na sua relação com os problemas económicos. Por outras palavras, refere-se a tudo o que diz respeito às esferas social e económica e à relação entre elas. O social refere-se a tudo o que diz respeito às pessoas na sociedade. A interpretação dos problemas económicos, políticos e sociais conduziu à polissemia de termos que, de acordo com o léxico das ciências sociais, inicialmente pertenciam apenas a um destes domínios sociais, o que depois corresponde à confusão dos três. A economia, por seu lado, é definida no senso comum pelo léxico das ciências sociais como poupança, a arte de gerir com parcimónia os recursos domésticos. A combinação destes dois termos refere-se à forma como as pessoas interpretam os problemas económicos, políticos e sociais inerentes à sua sociedade. Trata-se de problemas sociais que se relacionam com problemas económicos.

> Perfil dos migrantes que regressam ;
> As razões da migração ;
> A integração socioeconómica dos migrantes que regressam.

I.2 Perfil dos migrantes que regressam

8. Mboup (2020, p. 19) traça um perfil dos retornados em vários parágrafos. Em primeiro lugar, afirma "um perfil caracterizado essencialmente pela masculinidade e pelo baixo nível de instrução" (B. Mboup, 2020, p. 19). Na sua opinião, os retornados são pouco escolarizados e maioritariamente do sexo masculino.

Esta tese da minoria de mulheres entre os retornados de B. Mboup é apoiada por C. Beauchemin quando escreve: "As mulheres são menos inclinadas do que os homens a retirarem-se para a aldeia". Mboup é apoiado por C. Beauchemin quando escreve: "As mulheres são menos inclinadas do que os homens a retirarem-se para a aldeia" (C. Beauchemin, 2000, p 121). Para o autor, isto explica-se pelo facto de "as mulheres não usufruírem na aldeia das mesmas vantagens sociais e materiais que os homens, daí a sua vontade de ficar com os filhos". Em seguida, B. Mboup (2020, p. 19) acrescenta que as faixas etárias entre 30 e 40 anos e 55 e 60 anos são as mais numerosas entre os retornados. Acrescenta que este padrão é a prova de que a idade avançada é um fator determinante na migração de retorno, e continua a escrever que a maioria dos migrantes de retorno inquiridos é casada. Assim, as pessoas casadas são as mais numerosas entre os retornados. Acrescenta ainda que "os casos de divórcio e de viuvez só se registam entre as mulheres migrantes". Isto significa que as pessoas que se tornaram solteiras só existem entre as mulheres. Finalmente, Mboup (2020, p 24) apresenta os resultados dos seus estudos sobre o nível dos migrantes de retorno, afirmando que "no final deste estudo, o perfil migratório mostra uma grande maioria de migrantes com um baixo nível de formação e de educação. O autor afirma aqui que os inquiridos têm um baixo nível de educação. Através de "as mulheres têm frequentemente um nível de educação muito inferior", Mboup (2020, p 22) indica que as mulheres candidatas à migração de retorno são menos instruídas do que os seus homólogos masculinos. O reformado parece assim ser o arquétipo do migrante de retorno (Cris Beauchemin, 1999, p 3). Para ele, a reforma parece ser um momento propício para emigrar por várias razões: libertação das obrigações familiares e profissionais, privadas ou públicas. As hipóteses de abandonar o meio urbano, inicialmente mais elevadas para os idosos, de acordo com a imagem clássica do emigrante de retorno reformado, aumentam com o tempo para os jovens, a ponto de, no final do período, estes apresentarem as taxas mais elevadas de emigração urbana (C. Beauchemin, 2004, p 178). "Aos retornos tradicionais (herdeiros, reformados), juntaram-se novas formas de migração urbano-rural (comprimidas, descarregadas, etc.)" (Cris Beauchemin, 2000, p 173). O autor sustenta estes argumentos com um quadro que apoia a sua hipótese de reforma na aldeia. Apoia esta ideia de "reforma na aldeia" pensando que "os reformados não reformados estão talvez mais inclinados a regressar às zonas rurais onde podem usufruir dos seus eventuais investimentos (casas, plantações ou empresas) e onde o custo de vida é mais baixo" (Cris Beauchemin, 1999, p 3). Neste caso, defende que o regresso à aldeia é favorável aos reformados não abastados. Os dados mostram que os migrantes de regresso não são principalmente reformados e que muitos adultos de meia-idade regressam. Parece haver uma variabilidade considerável nas taxas de regresso em função da idade, do sexo e do nível de educação (J. L Rallu, 2003, p 188). Este facto é apoiado por Beauchemin quando escreve que "a migração de retorno está longe de ser simplesmente uma migração de 'pessoas idosas' que se reformam para a aldeia" (Cris Beauchemin, 2000, p 118). Ele argumenta que o grupo etário dos 15 aos 30 anos está fortemente envolvido na migração de retorno. J. P. Sanderson (2015, p 57) adopta uma abordagem semelhante, salientando que o trabalho de Niedomyls e Amcoff sobre a Suécia (2011) e Von Reichert (2001) sobre Montana destaca a migração de retorno que afecta todas as idades da vida adulta através de "O trabalho de Niedomyls e Amcoff sobre a Suécia (2011) e Von Reichert (2001) sobre Montana destaca um fenómeno que afecta todas as idades da vida adulta, como Jauhiainen (2009, p. 27) ".

I.3 As razões subjacentes a esta migração de regresso
"O gráfico mostra três razões principais para o regresso: razões familiares (19,6%), projectos de investimento (17,3%) e reforma (19%)" (B. Mboup (2020, p 19). Para Mboup, os motivos familiares são principalmente a educação dos filhos, enquanto o segundo e o terceiro motivos de regresso podem ser explicados por certas caraterísticas sociodemográficas e económicas destes migrantes e pela natureza circular da migração. A crise económica mundial de 2008 levou a um aumento inesperado do número de imigrantes que regressam ao seu país (OCDE, 2017, p. 268). A este respeito, a organização europeia aponta a crise económica como um fator que incentivou a migração de retorno. "A região, a comuna de origem permanece então um ponto de ancoragem, ao qual a família regressa periodicamente, o local de continuidade da identidade. Neste caso, a migração de retorno permite reencontrar dimensões da "identidade para si" que foram apenas temporariamente suspensas e que precisam de ser restauradas a longo prazo" Guichard-Claudic (2001, p 51). Para Guichard-Claudic, a razão para emigrar baseia-se no desejo de regressar a uma zona onde se viveu durante a infância. De acordo com Guichard-Claudic, as explicações apresentadas para compreender a migração de retorno giram em torno de três ideias-chave: uma explicação económica, uma explicação familiar e uma explicação ligada ao ciclo de vida. "A razão económica é tão predominante na interpretação da migração de retorno como a explicação da partida dos migrantes para o seu local de origem" (D. Potvin, 2006, p 30). Adultos migrantes de retorno). Para ele, trata-se de uma questão de bem-estar económico, sem esquecer as caraterísticas do mercado e as oportunidades de investimento na comunidade de origem. Acrescenta que as outras razões se podem resumir ao grau ou tipo de integração no meio de acolhimento, aos laços familiares e às ligações com o meio de origem. De acordo com D. Potvin (2006, p 36), que se baseia em (Wymam, 2001; Waldorf, 1995; Dasgupta, 1981, Lipton, 1980, e Cerase, 1970), "a falta de trabalho e de satisfação profissional seria a principal responsável pelos fracassos de integração dos migrantes e, em última instância, pelo seu regresso à região de origem". D. Potvin (2006, p 35) sintetiza as motivações para o regresso dos migrantes nos escritos de vários autores (Wyman, 2001; Dasgupta, 1981; On-Jook e Kyong Dong, 1981; Cerase, 1970),

que afirmam que "a integração, bem sucedida ou não, parece ser um fator importante para compreender o processo que influencia o regresso dos migrantes ao seu local de origem". Isto significa que não nos devemos concentrar apenas nos fracassos para justificar o regresso dos migrantes ao seu local de origem, porque há exemplos de migrantes de regresso bem sucedidos. "A recessão económica não é a causa de todas as formas de emigração urbana, mas é responsável pela inversão dos fluxos entre as zonas urbanas e rurais" (Cris Beauchemin, 2000, p 173). Para Beauchemin, a diminuição dos rendimentos é um fator de regresso dos habitantes da cidade à aldeia. Afirma ainda que a recessão económica precipitou o regresso dos jovens ao campo, afirmando que "a situação económica desempenhou um papel seletivo, favorecendo particularmente a emigração urbana dos jovens" (Cris Beauchemin, 2000, p 174). Segundo OTE/LA (1986, p 15), 42% dos emigrantes regressam antes do previsto por razões socioeconómicas, 25% por razões familiares, 15% por razões psicossociais, 11% por razões favoráveis e 8% por outras razões. Mas A. B. H. Zekri, (2007, p 15), baseando-se em inquéritos realizados na Tunísia em 1994, afirma o contrário da fonte árabe, afirmando que as razões favoráveis, com 56%, são de longe as principais razões para os migrantes regressarem aos seus países de origem. Seguem-se as razões psicossociais (17%), outras razões (11%) e razões familiares e socioeconómicas (8% cada). De acordo com C. Beauchemin (2000), citando Etienne (1970), os migrantes de Baoulé têm uma ligação sentimental ao seu local de origem por três razões. Em primeiro lugar, é um lugar de obrigações (funerais, litígios a resolver, assistência a prestar, etc.), depois um lugar de segurança em caso de problemas de saúde, sociais ou económicos e, por fim, um lugar de afirmação do estatuto familiar e de experiência profissional. De acordo com (P. Gubry et al, 1996, p 89), as razões para regressar à aldeia são múltiplas: O desemprego, a falta de rendimentos, a nostalgia e a ajuda à família. E. Piguet (2013, p 156) sintetiza as diferentes razões da emigração ao afirmar que é raro um indivíduo tomar a decisão de emigrar devido a um único fator. Para ele, a decisão de emigrar é influenciada por vários factores, tais como o contexto sociocultural (o país, a religião, a maioria ou minoria religiosa, o grupo étnico-cultural, a maioria ou minoria cultural), os factores individuais e psicológicos (sexo, idade, contexto da infância), a família (estado civil, filhos, posição na família, qualidade das relações familiares, apoio familiar), a qualidade de vida (avaliação da qualidade de vida na cidade, situação da habitação, ambiente, sistema de saúde, etc.), as redes (a rede familiar, a rede familiar, a rede familiar, etc.).), as redes (a rede familiar, a rede de conhecidos, a experiência migratória, os conhecimentos transnacionais), os factores económicos (o nível económico, a satisfação com os recursos, a confiança no futuro económico, as perspectivas de emprego, o espírito empresarial), o contexto político (a satisfação com as instituições, o sistema político, os direitos humanos, a igualdade entre homens e mulheres) e o contexto de estudo (ramos de estudo, sucesso ou insucesso nos exames).

I.4 Formas de integração no território de acolhimento

"O capital humano, os recursos financeiros e as normas sociais adquiridos pelos migrantes de retorno são uma importante fonte de desenvolvimento para muitos países" (OCDE, 2017, p. 267). A este respeito, a organização europeia aponta a crise económica como um fator que incentivou a migração de retorno. Com base em Bovenkerk (1974), D. Potvin (2006, p 53) argumenta que "o efeito da mudança no ambiente dependerá do número de migrantes de retorno". Para o autor, um elevado número de migrantes de retorno proporcionaria uma massa crítica de necessidades que teria um efeito de mudança no ambiente. "Quando se instalam nas zonas rurais, a maior parte dos emigrantes urbanos voltam-se naturalmente para a agricultura

(C. Beauchemin, 2004, p 189)". Para Beauchemin, a agricultura oferece aos retornados uma oportunidade de integração económica. Para corroborar a sua ideia, baseia-se nos inquéritos da UEMI, que mostram que 30% dos retornados complementam a agricultura com uma atividade não agrícola (artesanato, comércio) quando chegam às zonas rurais (C. Beauchemin, 2004, p. 189). Isto significa também que, para além da agricultura, os retornados se dedicam a outras actividades económicas, nomeadamente o artesanato e o comércio. Para C. Potvin (2006, p 53), que se baseia em Lindstrom (1996), contradiz Beauchemin ao afirmar que "os dois principais domínios de investimento são a agricultura e a habitação". Segundo ele, são a agricultura e a habitação que oferecem aos retornados uma oportunidade de integração económica. "Verifica-se que, ao mesmo tempo que são vectores de modernização da agricultura e de diversificação das actividades rurais, os emigrantes urbanos são confrontados com múltiplos factores de bloqueio que contribuem para criar ou acentuar tensões locais ou nacionais" (C. Beauchemin, 2004, p 189). Aqui, o autor mostra que os emigrantes que regressam têm dificuldade em integrar-se na sua nova comunidade. Este facto não favorece a coesão social. "A maior parte dos migrantes urbanos chegam às zonas rurais por despeito, quando não conseguiram ficar na cidade. Nestas condições, chegam sem meios de subsistência e a sua capacidade de produção é muito reduzida" (C. Beauchemin, 2004, p. 190). Beauchemin enumera as dificuldades enfrentadas pelos migrantes que regressam. Estas dificuldades dizem respeito ao financiamento (incapacidade de empregar mão de obra e de investir), à formação agrícola e ao acesso ao crédito. As dificuldades de financiamento são também referidas por B. Ndione et al (2006, p. 23): "As outras explicações avançadas pelos promotores devem-se a problemas de financiamento. A este problema de financiamento, B. Ndione et al acrescentam os encargos familiares, que constituem uma fonte de dificuldades para os projectos de reintegração dos migrantes que regressam. Segundo eles, os lucros gerados por um projeto comercial de 3 milhões de francos CFA não são capazes de satisfazer as necessidades de uma família com mais de dez membros. De acordo com B. Mboup, (2020, p 24), os retornados com um baixo nível de formação e educação têm uma fraca capacidade de reintegração. Além disso, os seus rendimentos diminuem quando regressam e os seus encargos familiares aumentam devido à predominância de filhos menores nos seus agregados familiares. O autor acrescenta ainda que a dificuldade de reintegração é maior para aqueles que frequentaram escolas corânicas ou árabes e para os analfabetos. "O regresso do migrante à sua aldeia de origem não é isento de problemas, na medida em que o regresso nem sempre foi preparado. É fácil imaginar que se colocarão problemas de alojamento, de alimentação, de disponibilidade de terras aráveis e de retoma da atividade económica" (P. Gubry, al, 1996 p 85). Para estes autores, os inquiridos são confrontados com problemas de alojamento, alimentação, acesso à terra e finanças, mas não deixam de referir a sua origem, que é a falta de preparação para o regresso à aldeia de origem.

2 QUESTÕES

A migração e as questões que a rodeiam são um problema global. As áreas geográficas que acolhem estes movimentos dinâmicos assumem funções diferentes consoante as caraterísticas e conotações específicas da migração. Assim, algumas zonas do oecúmeno são mais zonas de emigração, outras de imigração, outras ainda de trânsito, ou têm as três funções. Existem duas grandes categorias de migrantes no mundo: por um lado, os migrantes internacionais aumentaram em número. De acordo com as Nações Unidas, "atualmente, há mais pessoas do que nunca a viver num país diferente daquele em que nasceram. Em 2019, o número de migrantes no mundo era de aproximadamente 272 milhões de pessoas, mais 51 milhões do que em 2010". Em segundo lugar, há a migração interna, que ocorre em todos os países do mundo. As estatísticas mostram que as grandes vagas de migração diminuíram recentemente, em favor de uma tendência para a imigração selectiva. As caraterísticas do fenómeno migratório atual são a diversificação dos países de origem e de destino, bem como as formas assumidas pela migração. "Entre um terço e metade dos migrantes regressam ao seu país depois de terem atingido os seus objectivos" (C. Daum, 2007, p. 1). Assim, assistimos hoje a uma lógica de reconstituição dos espaços migratórios. Mais de 214 milhões de pessoas vivem atualmente fora do seu país de origem por diversas razões: conflito, catástrofe natural, degradação ambiental, perseguição política, pobreza, discriminação, incapacidade de obter serviços básicos ou procura de novas perspectivas, nomeadamente em termos de trabalho e educação (OIM, 2014). Um maior número vive depois fora da sua aldeia ou região de origem pelas mesmas razões. Para Brouwez, (2017, p 2), existem quatro causas principais que favorecem a imigração: causas ligadas a conflitos ou factores políticos, causas económicas, causas ambientais e causas socioculturais. A migração laboral tornou-se um meio de subsistência para muitas famílias. Neste caso, o território de acolhimento é visto mais como um local de trabalho do que como um local de residência (Fall, 2003, p 21). Para um indivíduo, a decisão de migrar é frequentemente o resultado de uma estratégia familiar para maximizar o rendimento (Amassari, 2004). As estimativas efectuadas para os europeus da OCDE, utilizando os inquéritos à "força de trabalho" durante o período de 1992-2005, e para os Estados Unidos, utilizando o recenseamento da população de 2000 e o American Community Survey de 2005, indicam que entre 20% e 50% dos migrantes partem para trabalhar a fim de obterem rendimentos. Nos cinco anos que se seguem à sua chegada, os imigrantes partem para países terceiros ou regressam ao seu país de origem. Neste último caso, são cada vez mais os imigrantes que regressam à sua aldeia de origem, à sua região de origem ou ao seu país de origem. Os dados retrospectivos sobre a migração na Costa do Marfim mostram um aumento da migração de retorno após a crise político-militar de 2002-2003. "As razões matrimoniais foram citadas como motivo de 12% de toda a migração urbano-rural entre 1988 e 1993" (C. Beauchemin, 2000, p 164). De acordo com Beauchemin, as cidades perderam uma parte da sua população para o campo entre 1988 e 1993. Esta emigração para o local de origem tem também em conta a emigração do campo para outras zonas do campo. Estes movimentos de regresso não são isentos de consequências. Por um lado, afectam o desenvolvimento reintegrado destas zonas e, por outro, influenciam o modo de vida das populações que regressam. E o nosso local de trabalho? Qual é o perfil dos migrantes de retorno na sub-prefeitura de Boli? Quais são as causas da migração de retorno para a sub-prefeitura de Boli? Este movimento migratório constitui um entrave ao desenvolvimento da sub-prefeitura de Boli? Como é que os migrantes de retorno se inserem na subprefeitura de Boli? Este estudo foi, portanto, iniciado para ajudar a analisar e compreender o fenómeno da migração de retorno na subprefeitura de Boli.

3 OBJECTIVOS E HIPÓTESES

I.5 Objectivos

3.1.1 Objetivo geral

O objetivo geral deste trabalho é analisar a integração socioeconómica dos retornados na sub-prefeitura de Boli.

3.1.2 Objectivos específicos

Especificamente, trata-se de :

> Determinar o perfil destes repatriados;
> Identificar as razões do seu regresso;
> Analisar as formas de integração dos migrantes que regressam ao país.

I.6 Hipóteses de investigação

3.2.1 Hipótese geral

A nossa hipótese geral é que os migrantes de retorno são homens com mais de 45 anos, com pouco poder económico, que se integram em actividades económicas, sociais e culturais para assegurar a sua reconversão.

3.2.2 Pressupostos específicos

Os pressupostos são os seguintes:

Pressuposto 1:

> A maioria dos repatriados são homens analfabetos com mais de 45 anos que não conseguiram chegar ao topo;

Pressuposto 2:

> Razões socioeconómicas justificam a migração de regresso a Boli ;

Pressuposto 3:

> Os repatriados integram-se através de actividades económicas, sociais e culturais.

4 METODOLOGIA

I.7 Unidades de observação

As unidades de observação do nosso trabalho são todas as aldeias e bairros da sub-prefeitura de Boli. A análise ao nível da aldeia e do bairro incidiu sobre a densidade dos migrantes de retorno, a sua idade, o seu estado civil, o seu número de filhos, a sua origem e o seu nível de educação. Também analisámos as suas condições de vida e actividades económicas. Esta análise permitiu-nos identificar o número estimado de repatriados, o seu perfil, o estado geral da sua situação económica e as suas necessidades.

I.8 Variáveis do estudo

Estas variáveis são indicadores que orientam a procura dos dados a recolher. Temos variáveis de medida, também conhecidas como variáveis quantitativas, e variáveis de avaliação ou qualitativas. São indicadores que nos permitem verificar as nossas hipóteses. A nossa investigação levanta muitas questões, cujas respostas serão orientadas pelas variáveis que podem ser observadas e avaliadas através dos inquéritos no terreno. Estas variáveis são de vários tipos, nomeadamente sócio-demográficas, sócio-económicas, ligadas às actividades económicas e ligadas à integração sócio-económica.

4.2.1 Variáveis sócio-demográficas

Estas variáveis dizem respeito à estrutura da população migrante de retorno na sub-prefeitura de Boli. Permitem-nos identificar os modos de integração dos migrantes de retorno na sub-prefeitura de Boli.

Variáveis qualitativas	Variáveis quantitativas
- Origem;	- Número de filhos ;
- Onde vive ;	- O número de cada tipo de criança ;
- Idade;	- O número de crianças que frequentam e não frequentam a escola ;
- Sexo;	
- Etnia ;	- O número de crianças que trabalham ;
- Nacionalidade ;	- O número de filhos a cargo ;
- Nível de ensino ;	- O montante investido.
- Estado civil ;	
- Origem do cônjuge ou parceiro(s)	

cônjuge(s)

- Religião

- As razões pelas quais as crianças abandonam a escola e não vão à escola.

4.2.2 Variáveis ligadas aos factores determinantes da migração de retorno

Trata-se de variáveis ligadas às razões do seu regresso. Estas variáveis permitem-nos julgar as razões da migração de retorno destas populações para a sub-prefeitura de Boli.

Variáveis qualitativas	Variáveis quantitativas
- Actividades realizadas durante a emigração ;	- O número de regiões ou países de residência ;
- Os motivos da partida da subprefeitura ;	- A data de partida para a emigração ;
- Realizações graças à emigração ;	- A data de regresso da emigração.
- Última região de residência ;	

- Razões para deixar a residência anterior ; - As razões do regresso de Boli; - Razões para se mudar para Boli.	

4.2.3 Variáveis ligadas à integração no tecido socioeconómico

Estas variáveis estão ligadas aos modos de integração dos retornados. Estas variáveis permitem-nos identificar os modos de integração destes migrantes na sub-prefeitura de Boli.

Variáveis qualitativas	Variáveis quantitativas
- Onde vivem as crianças; - Local(is) de residência do(s) cônjuge(s) ; - Problemas encontrados durante a instalação ; - Relações com os vizinhos ; - Conflitos comunitários ;	- O tempo reservado; - A superfície do espaço em que as actividades são realizadas ; - Novos projectos.

- Aquisição de um espaço para exercer a sua atividade ;
- Actividades realizadas
- Resolução de litígios
- Problemas encontrados na realização das actividades ;
- Qualidade do solo.

4.3 Técnicas de recolha de dados

> **Pesquisa bibliográfica**

A nossa pesquisa documental centrou-se em obras gerais e específicas (Cris Beauchemin, por exemplo) sobre a migração de retorno no mundo, seguidas das que se referem a este fenómeno na Costa do Marfim. Esta fase essencial deu-nos uma ideia clara do nosso problema de investigação. Visitámos também a biblioteca do TUJLoG e os institutos de investigação (IRD, IGT, CNRA, etc.) TINS. Esta pesquisa baseada em estudos de investigação (dissertações e teses) foi muito útil em termos de informação obtida. Estes estudos apresentam caraterísticas substanciais e foram objeto de um processo rigoroso antes de serem colocados à disposição do público.

> **Inquéritos de campo**

Após o pré-inquérito, que teve lugar de 09 a 19 de agosto de 2020, passámos ao contacto. Esta fase de contacto direto com o nosso ambiente de estudo e as partes interessadas decorreu durante 20 dias (de 01 a 20 de setembro de 2020) em todas as localidades do distrito administrativo de Boli. Começou com um pedido de autorização ao sub-prefeito de Boli, Dame YAO Adjoua Albertine. Depois de a subprefeita ter dado a sua autorização e de nos termos reunido com ela, fomos de aldeia em aldeia e de bairro em bairro na cidade-chefe, para fazer o ponto da situação e falar com os chefes de aldeia e com a nossa população-alvo. A entrevista consistiu em discussões e foi pedido aos emigrantes que regressaram que preenchessem o questionário pré-estabelecido. Estas entrevistas forneceram-nos informações úteis para a nossa investigação sobre a integração dos retornados em Boli.

4.4 O método de recolha de dados

Na ausência de uma base de dados adequada sobre os retornados na nossa área de estudo, foi necessário um inquérito de prospeção utilizando o método de proximidade para facilitar a identificação e a localização da nossa população-alvo. Esta abordagem, baseada na dinâmica das relações interpessoais, permitiu identificar os migrantes que, uma vez contactados, serviram de intermediários para outros retornados como eles. O conhecimento mútuo dos retornados que vivem na mesma localidade foi um fator-chave para o sucesso desta estratégia de inquérito. Assim, utilizando o método de proximidade, conseguimos recensear todos os retornados da sub-prefeitura de Boli. A dimensão da nossa amostra foi, portanto, determinada pela soma dos retornados identificados. Esta abordagem metodológica é uma combinação de abordagens qualitativas e quantitativas. A abordagem qualitativa é adequada tanto para a recolha como para a análise dos dados. Trata-se de utilizar os instrumentos, as técnicas e os princípios do método de investigação participativa acelerada, como as entrevistas individuais. Este método foi utilizado durante as discussões com os migrantes de retorno inquiridos e com as autoridades locais e administrativas sobre o perfil, os factores que favorecem o retorno e os conflitos que envolveram estes migrantes, a integração dos migrantes de retorno e o desenvolvimento das diferentes localidades. A observação participativa e a consulta de documentos fazem igualmente parte dos métodos utilizados. A abordagem quantitativa consistiu em entrevistas estruturadas (questionários).

4.5 Instrumentos de recolha de dados

Os instrumentos utilizados no nosso trabalho são guias de entrevista, questionários e um recenseamento.

4.5.1 O guião da entrevista e o questionário

São dois elementos que nos permitiram refutar ou confirmar as nossas hipóteses de investigação. São desenvolvidos tendo em conta os conceitos-chave que constituem os objectivos específicos do nosso trabalho e as variáveis. Trata-se de variáveis de estado (sexo e idade dos migrantes que regressam), de variáveis de comportamento (período de partida e de chegada dos migrantes, seus destinos e condições de trabalho, etc.). Também nos permitiram identificar variáveis de pensamento ou de opinião (conhecimentos e opiniões das pessoas sobre a coesão social, tanto entre os migrantes retornados como entre estes e outras populações).

4.5.2 Amostragem

Efectuámos um recenseamento. Consistiu num inquérito completo, único ou exaustivo, utilizando o método da proximidade. Este método permitiu entrevistar toda a população. Permitiu observar todas as unidades de base desta população. Realizámos o nosso inquérito de 1 a 20 de agosto de 2020 em todas as aldeias da subprefeitura de Boli. No decurso do nosso trabalho, entrevistámos todos os retornados que se encontravam presentes no momento da nossa visita (alguns estavam a viajar na altura). Assim, pudemos entrevistar 122 pessoas, que constituem a nossa amostra de retornados na subprefeitura de Boli. A sua lista consta do quadro 1.

Quadro 1: Populações inquiridas

Locais de residência	RGPH 2014			INQUÉRITOS DE SETEMBRO 2020		
	Mulheres	Homens	Total	Mulheres	Homens	Total
Adjébo	317	307	624	1	8	9
AkiikoiiiinwkiO	835	641	1476	1	2	3
Allanikro	584	539	1123	3	12	15
Anokoi-Kouamékro	159	153	312	2	12	14

Boli e Kongobo	3 891	3 350	7241	14	32	46
Grodiékro	761	861	1622	15	9	24
Labo	291	283	574	3	5	8
Takikro	168	138	306	1	2	3
Total geral	**7 006**	**6 272**	**13278**	**40**	**82**	**122**

4.6 Análise e tratamento de dados

Os instrumentos de análise são os meios utilizados para testar as hipóteses e compreender as diferentes relações entre as variáveis medidas. A análise dos dados consistiu numa fase preliminar de análise dos formulários de inquérito. Em seguida, procedeu-se à introdução dos dados e ao seu tratamento estatístico através de uma folha de cálculo Excel, para comparar parâmetros estatísticos como as médias e as margens brutas. Foi também utilizada a análise sistémica. Como prelúdio à introdução dos dados, o tratamento consistiu na conceção de uma base de dados com as informações recolhidas e na sua codificação. Os inquéritos realizados no âmbito deste trabalho baseiam-se num recenseamento dos migrantes regressados. Existem várias áreas de residência, nomeadamente as aldeias e os bairros de Boli. A metodologia utilizada consistiu em :

> Recenseamento das áreas habitacionais e sua classificação por local de residência (bairros e aldeias).

> Entrevistas individuais, semi-diretivas, completadas por perguntas curtas, fechadas ou abertas. Os vários locais visitados foram escolhidos de acordo com critérios relacionados com os limites da sub-prefeitura de Boli. As questões abordadas nas entrevistas diziam respeito à dimensão do distrito, à sua situação socioeconómica e à integração dos migrantes regressados. Os dados qualitativos e quantitativos recolhidos foram tabulados, codificados, introduzidos, processados e analisados utilizando folhas de cálculo Excel e o software estatístico *SPSS*.

4.7 As dificuldades do inquérito

De um modo geral, a nossa investigação correu bem. No entanto, à semelhança de outros projectos de investigação, fomos confrontados com dificuldades que podem ser resumidas em problemas de disponibilidade dos intervenientes, de acesso à documentação e aos dados estatísticos, de burocracia administrativa e de relutância ou recusa de alguns inquiridos. Para lhes fazer face, adoptámos medidas adaptadas a cada uma delas.

> No que se refere ao acesso à documentação e aos dados estatísticos, a utilização das bibliotecas e da Internet constituiu um apoio satisfatório;

> Em termos de burocracia administrativa, tivemos de esperar alguns dias para obter o acordo do Sub-Prefeito para visitar as várias localidades do distrito;

> Devido à indisponibilidade de alguns inquiridos, fomos obrigados a marcar encontros ao fim da tarde (uma vez que os actores estavam frequentemente no terreno), pelo que muitas vezes regressámos à nossa base à noite, percorrendo mais de dez quilómetros;

> Perante as reticências ou recusas, um certo número de explicações e o apoio de alguns intervenientes dissiparam qualquer dúvida de que a nossa investigação não seria utilizada para fins políticos.

CAPÍTULO I: MIGRAÇÃO DE RETORNO COM UMA ELEVADA PROPORÇÃO DE HOMENS

E ANALFABETOS

1.1 Caraterísticas sócio-demográficas e sócio-económicas da sub-prefeitura de Boli

1.1.1 Caraterísticas sócio-demográficas

1.1.1.1 A população

A história da população da sub-prefeitura de Boli está intimamente ligada à do grande grupo Baoulé, nomeadamente à do cantão de N'zikpli, de onde é originária. Este povo é conhecido como Gnandjikro-sud, ou Gnandji do Sul.

1.1.1.2 A população

[e]A partir da migração de Baoulé no século XVIII, o povoamento do bairro acelerou-se com a ereção de Boli como subprefeitura em 2010 e a criação de novos serviços. O bairro é povoado por 13278 pessoas, das quais 995 são estrangeiros, segundo o TINS (RGPH 2014). A população da sub-prefeitura de Boli é constituída por Baoulé N'zikpli, aos quais se juntaram Baoulé não nativos que não são N'zikpli, Malinké, outros povos da Costa do Marfim e centenas de estrangeiros da África Ocidental. Todos estes povos vivem em perfeita harmonia, com exceção de uma pequena crise em 2005 entre os Baoulé e os Malinké, que foi rapidamente resolvida.

1.1.2 Caraterísticas socioeconómicas

1.1.2.1 O habitat

Em Boli, a paisagem reflecte uma gama variada de habitats. As habitações familiares não fechadas são de longe as mais numerosas (ver foto 1). As habitações individuais só agora começam a aparecer, uma vez que Boli, capital da subprefeitura criada para o efeito em 2010, ainda não se desenvolveu verdadeiramente como cidade. Ainda existem habitações precárias em certas aldeias e mesmo em certos bairros de Boli (fonte: inquéritos pessoais).

Foto 1: Uma casa de família em Akakouamékro

Crédito da fotografia: Kouadio Konan Emmanuel, 2020

1.1.2.2 Actividades económicas

A agricultura é a principal atividade do distrito. É composta por culturas alimentares (inhame, mandioca, milho e arroz) e culturas de exportação dominadas pela castanha de caju, a que se juntaram o óleo de palma e a madeira de teca. Paralelamente à agricultura, o comércio (graças à estação de comboios até 2011 e ao único mercado semanal de Boli) dá o seu contributo. O gado bovino e caprino é também criado em pequenas quantidades. É de notar que, aquando da nossa passagem, a exploração de madeira para a produção de carvão vegetal estava em pleno andamento. Os serviços estão a arrancar, nomeadamente nos domínios da educação, da saúde e de alguns serviços administrativos públicos e privados.

1.2 Perfil de migração

1.2.1 Local de residência

Estes são os locais onde os recenseámos. Contámos 8 localidades: a capital da sub-prefeitura (Boli) e 7 outras aldeias que compõem este distrito administrativo. Boli é uma grande área urbana com vários distritos, incluindo Kongobo, uma aldeia que se mudou para Boli entre 1998 e 2014. A população de cada aldeia em 2014 de acordo com o RGPH está destacada na Tabela nº 2.

Quadro 2: Populações inquiridas

Local de residência	População RGPH 2014	População inquirida
Adjébo	624	9
Akakouamékro	1 476	3
Allanikro	1 123	15
Anokoi-Kouamékro	312	14
Boli	7 241	46
Grodiékro	1 622	24
Labo	574	8
Takikro	306	3
Total geral	13 278	122

Fontes: inquéritos Kouadio, setembro de 2020

1.2.2 Predominância de homens e idosos

As idades foram classificadas em escalões que vão dos 18 aos 60 e mais anos. Assim, temos os seguintes grupos etários: [18-30 anos [; [30-45 anos [; [45-60 anos [; [60 anos e mais [. Verifica-se que os grupos etários mais jovens têm menos migrantes de retorno. De facto, o grupo etário dos [18-30[representa apenas 5,74% da população inquirida. O grupo etário dos [30-45] representa 21,31%, o grupo etário dos [45-60] 24,59% e, finalmente, o grupo etário dos [60 e mais], com uma proporção de 48,36%, tem quase metade da nossa população-alvo. A repartição dos inquiridos por sexo mostra que cerca de dois em cada três retornados são homens (67,21%). Entre os inquiridos mais jovens (18-45 anos), os homens representam 57,58%, enquanto entre os mais velhos (45 anos ou mais), os homens representam 70,79%. A Figura 1 ilustra a distribuição da população migrante de retorno por género e idade.

Figura 1: Repartição da população repatriada por sexo e idade

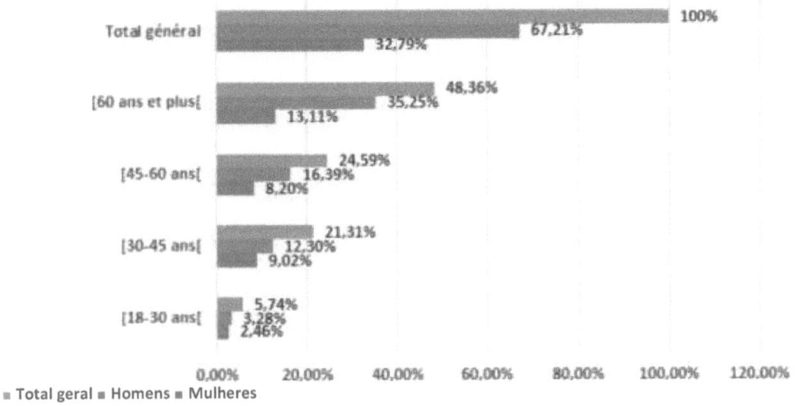

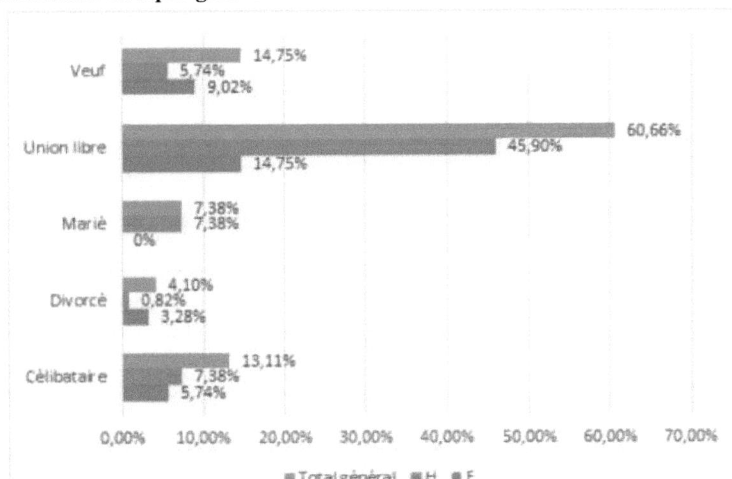

Fontes: inquéritos Kouadio, setembro de 2020

1.2.3 Casais dominados por uniões de facto

O estado civil descreve o estado civil do indivíduo. Pode ser solteiro, divorciado, casado, em união de facto ou viúvo. O inquérito revelou as seguintes estatísticas: solteiros: 17,21%; divorciados: 0,82%; casados: 6,56%; em união de facto: 60,66% e viúvos: 14,75%. Os casais não casados são aqueles cujo casamento civil ainda não foi formalizado. De acordo com as nossas investigações, a grande maioria dos migrantes celebrou o seu casamento tradicional. Além disso, neste caso, uma pessoa divorciada é alguém que já foi legalmente casado e depois divorciou-se. Verificamos que existe uma elevada percentagem de inquiridos em união de facto e que apenas um homem é divorciado. Acrescente-se que nenhuma mulher é casada e que 61,11% dos viúvos são mulheres. A Figura 2 apresenta uma visão geral do estado civil por género. A grande maioria da nossa população-alvo é monogâmica (77,86%).

Figura 2: Estado civil por género

Fontes: inquéritos Kouadio, setembro de 2020

1.2.4 Uma taxa de analfabetismo muito elevada

Nível de ensino, que abrange as seguintes categorias: não frequenta a escola, ensino primário, secundário e superior. O relatório mostra que cerca de três quartos (74,59%) da nossa população-alvo não frequentaram a escola. Para além disso, apenas 10,53% das mulheres tinham concluído o ensino secundário e nenhuma tinha atingido o ensino superior. A figura 3 ilustra a nossa análise.

Figura 3: Nível de educação

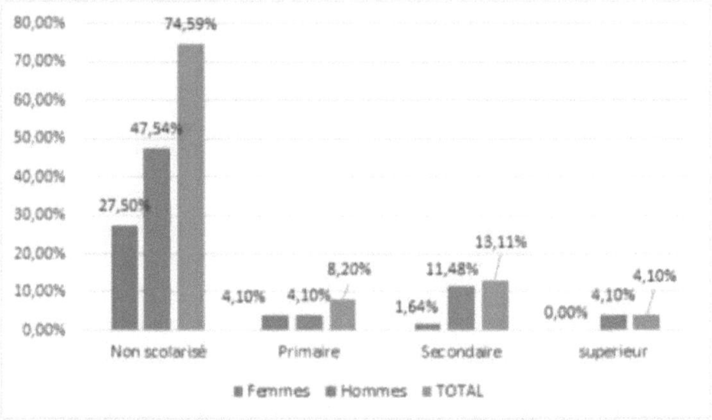

Fontes: inquéritos Kouadio, setembro de 2020

1.2.5. Muitas crianças

Este é o número de filhos biológicos de cada migrante que regressa. Os retornados têm um total de 844 filhos, ou seja, uma média de 6,92 filhos por ator. Apenas oito migrantes não têm filhos. Dos 16 retornados, 6 estão nesta situação. O quadro 3 dá-nos informação sobre o número de filhos de cada migrante.

Quadro 3: Distribuição das crianças migrantes

Número de crianças por migrante	Número de migrantes	Total de crianças
0	8	0
1	3	3
2	9	18
3	12	36
4	11	44
5	11	55
6	16	96
7	8	56
8	6	48
9	6	54
10	9	90
11	3	33
12	6	72
13	5	65

16	3	48
17	1	17
18	1	18
19	1	19
22	1	22
25	2	50
Total geral	**122**	**844**

Fontes: inquéritos Kouadio, setembro de 2020

1.2.6 Uma taxa de escolarização elevada para as crianças

Várias famílias tinham enviado os seus filhos para a escola. De facto, 700 dos 844 filhos dos pais inquiridos tinham frequentado a escola. Temos, portanto, uma taxa de escolarização de 82,94% para as crianças nascidas de pais migrantes na sub-prefeitura de Boli. No entanto, é de notar que 16 repatriados não enviaram os seus filhos à escola. O quadro 4 clarifica os dados. Há várias razões possíveis para esta situação.

Quadro 4: Número de filhos de repatriados que frequentam a escola

Número de crianças na escola	Número de migrantes	Soma do número de crianças que frequentam a escola
0	16	0
1	6	6
2	12	24
3	11	33
4	10	40
5	13	65
6	14	84
7	3	21
8	7	56
9	6	54
10	7	70
11	4	44
12	5	60
13	2	26
15	1	15
16	1	16
19	1	19
22	2	44
23	1	23
Total geral	**106**	**700**

Fontes: inquéritos Kouadio, setembro de 2020

1.2.7 Razões para as crianças abandonarem ou não frequentarem a escola

As crianças da nossa população-alvo têm uma taxa de frequência escolar de 82,94%. Algumas abandonaram a escola. As razões para esta situação e para o facto de as crianças não frequentarem a escola variam. De acordo com a figura 4, são, por ordem de importância, a pobreza, o abandono escolar, a idade jovem (menos de 6 anos), o insucesso escolar e a crise de 2002.

Figura 4: Razões pelas quais os filhos de repatriados não frequentam a escola ou não a frequentam de todo

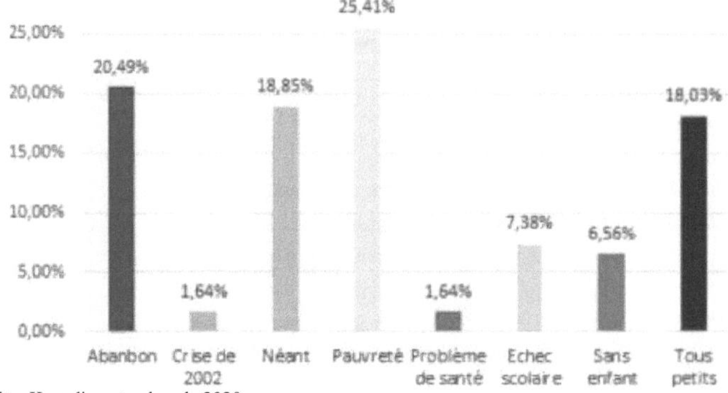

Fontes: inquéritos Kouadio, setembro de 2020

1.2.8 Muitos trabalhadores filhos de migrantes

Os repatriados têm vários filhos que trabalham. Um total de 265 crianças, nascidas de 73 dos inquiridos, trabalham. Isto significa que 31,39% das crianças nascidas de migrantes regressados estão a trabalhar. A idade avançada dos imigrantes (48,36% têm 60 anos ou mais) e a baixa frequência escolar dos seus filhos (82,94%) são factores que contribuem para esta taxa. Os modos 2, 3 e 1 são os mais numerosos, com 18, 17 e 14 retornados, respetivamente (ver quadro 5).

Quadro 5: Filhos de migrantes regressados que trabalham

Número de crianças que trabalham	número de migrantes	Total de crianças que trabalham
0	0	0
1	14	14
2	18	36
3	17	51
4	6	24
5	5	25
6	6	36
7	2	14
9	1	9
12	1	12
13	1	13
15	1	15
16	1	16
Total geral	73	265

Fontes: inquéritos Kouadio, setembro de 2020

1.2.9 Muitos dependentes

Os dependentes são pessoas cujas necessidades quotidianas de sobrevivência são asseguradas pelo repatriado. São numerosos nas famílias da nossa população-alvo. Os retornados têm 869 pessoas a seu cargo, ou seja, uma média de 7,12 crianças por retornado. Note-se que 11 repatriados não têm dependentes, mas alguns têm dependentes até 28 pessoas. O quadro 6 ilustra a nossa análise.

Quadro 6: Pessoas a cargo de migrantes regressados

Número de pessoas a cargo por migrante	Número de migrantes	Soma do número de pessoas a cargo
0	11	0
1	5	5
2	7	14
3	12	36
4	8	32
5	15	75
6	14	84
7	6	42
8	4	32
9	4	36
10	7	70
11	4	44
12	7	84
13	2	26
14	1	14
15	8	120
17	1	17
18	1	18
20	1	20
22	1	22
25	2	50
28	1	28
Total geral	**122**	**869**

Fontes: inquéritos Kouadio, setembro de 2020

1.2.10 O cristianismo, principal religião dos retornados

As crenças religiosas são muito comuns. No entanto, não havia budistas entre os inquiridos.
De acordo com as diferentes tendências religiosas apresentadas na Figura 5, os cristãos são de longe os mais numerosos, com 59,02% dos inquiridos.
Além disso, 8,20% dos repatriados não praticam qualquer religião.

Figura 5: Tendências religiosas dos repatriados

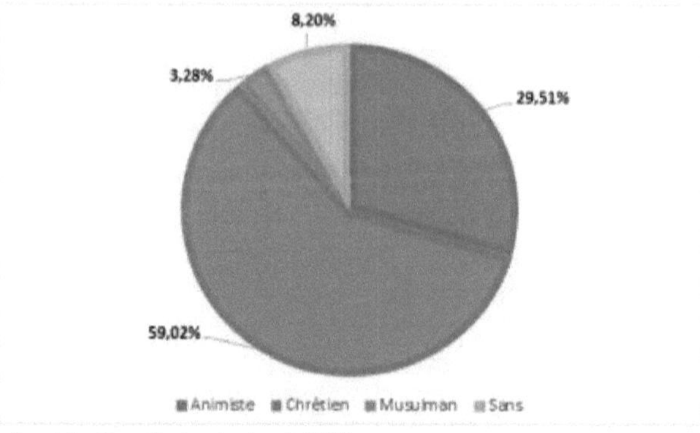

Fonte: RGPH 2014 e inquéritos Kouadio de setembro de 2020

Conclusão parcial do capítulo I

Os retornados têm geralmente mais de 44 anos de idade, com uma relação de género de 1,97. São maioritariamente cristãos, com uma taxa de analfabetismo feminino exagerada. São maioritariamente cristãos, com uma taxa exagerada de analfabetismo feminino. São monogâmicos, casados por costume e vivem em união de facto. Têm uma média de 6,92 filhos, dos quais mais de 82% frequentam a escola. Cerca de um terço destes filhos trabalha. Têm muitos dependentes.

CAPÍTULO II: FACTORES SOCIOECONÓMICOS, CAUSAS DE MIGRAÇÃO DE RETORNO

As pessoas deslocam-se e residem num determinado local por várias razões. Determinar as razões da migração de retorno para a subprefeitura de Boli é importante para a investigação sobre as formas de integração destes migrantes nas suas localidades de residência. Neste capítulo, que se divide em duas partes principais, vamos primeiro analisar os antigos locais de residência e, em seguida, as razões para deixar esses locais.

2.1 Residências anteriores antes de regressar a Boli

Isto implica dividir os repatriados, em primeiro lugar, de acordo com a área de residência, depois de acordo com o número de regiões, distritos ou países de residência, em seguida, de acordo com a última região ou distrito de residência e, finalmente, de acordo com os contactos com esses locais anteriores.

2.1.1 Áreas de residência

As áreas de residência são as diferentes zonas em que os migrantes viveram durante a sua emigração da sub-prefeitura. Trata-se de uma zona rural, de uma zona urbana ou de ambas. O nosso inquérito revelou que os migrantes de retorno residiam nas diferentes zonas acima mencionadas (figura N°6).

Figura 6: Repartição dos jogadores por área de residência anterior e género

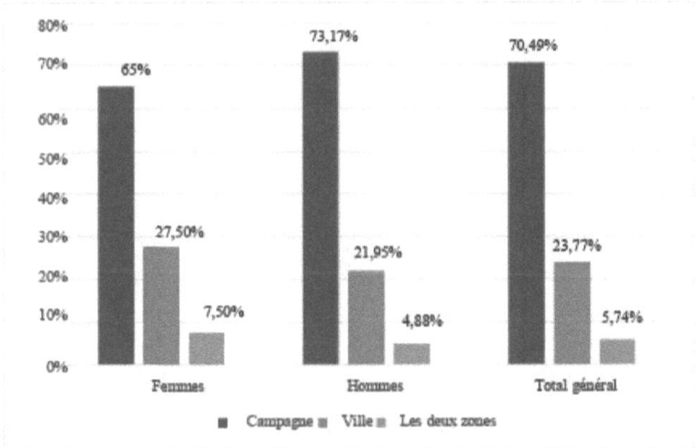

Fontes: inquéritos Kouadio, setembro de 2020

Este gráfico mostra a distribuição dos migrantes nas suas antigas áreas de residência e por género. O gráfico mostra que o campo era a área de residência da grande maioria dos migrantes (70,49%), com uma ligeira preponderância dos homens (73,17% para os homens contra 65% para as mulheres). Depois do campo, seguem-se os que viveram apenas na cidade, com uma taxa de 23,77%, para terminar com os que viveram em ambas as zonas, que representam apenas 5,74%.

2.1.2 O número de regiões, distritos autónomos de residência

A emigração da sub-prefeitura de Boli teve lugar tanto a nível nacional como internacional. Esta secção mostra o número de regiões e distritos autónomos em que os emigrantes regressados residiram. Este quadro mostra que estes emigrantes passaram por várias regiões ou distritos autónomos antes de regressarem. Os que residiram apenas numa região constituem o grupo mais numeroso, com 40,16% do total. Apenas 3 pessoas visitaram 8, 9 e 10 regiões e distritos autónomos diferentes, respetivamente. O quadro 7 apresenta em pormenor estes percursos.

Quadro 7: Número de regiões e distritos autónomos abrangidos por cada migrante

Número de diferentes regiões e distritos autónomos	Migrantes que regressam	Frequência (%)
1	49	40,16
2	35	28,69
3	13	10,66
4	9	7,38
5	5	4,10
6	6	4,92
7	2	1,64
8	1	0,82
9	1	0,82
10	1	0,82
Total geral	**122**	**100**

Fontes: inquéritos Kouadio, setembro de 2020

2.1.3 Número de países abrangidos

No que diz respeito à emigração internacional, o nosso questionário mostra que muito poucos repatriados atravessaram as fronteiras da Costa do Marfim para estabelecer residência. De facto, 93,44% dos repatriados nunca viveram fora da Costa do Marfim. 0,82% dos repatriados viveram em três países diferentes, 2,46% viveram em dois países diferentes, enquanto 3,28% fixaram residência num país diferente. O quadro 8 resume o número de países de residência.

Quadro 8: Número de países residentes

Número de países diferentes	Migrantes que regressam	Frequência (%)
0	114	93,44
1	4	3,28
2	3	2,46
3	1	0,82
Total geral	**122**	**100**

Fontes: inquéritos Kouadio, setembro de 2020

2.1.4 Último ou distrito de residência

Estes são os últimos distritos ou regiões autónomas em que os inquiridos residiram antes de regressarem a Boli. O quadro 9 apresenta esta lista por ordem decrescente para indicar as regiões mais favorecidas pelos retornados durante a sua emigração.

Quadro 9: Repartição dos repatriados por local de residência

Número de encomenda	Regiões ou distritos autónomos residentes	Número	Taxa de representação (%)
1	Haut-Sassandra	27	22,13
2	Nawa	17	13,93
3	Marahoué	11	9,02

4	Guemon	9	7,38
5	Abidjan	8	6,56
6	Lôh-Djiboua	7	5,74
7	Yamoussoukro	7	5,74
8	Agneby-Tiassa	6	4,92
9	Cavally	6	4,92
10	Gboklé	4	3,28
11	San-pédro	4	3,28
12	Bas-Sassandra	3	2,46
13	Gbêkê	2	1,64
14	Grandes pontes	2	1,64
15	N'zi	2	1,64
16	Gôh	1	0,82
17	Gontougo	1	0,82
18	Indénié-Djuablin	1	0,82
19	Moronou	1	0,82
20	Poro	1	0,82
21	Tonkpi	1	0,82
22	Worodougou	1	0,82
Total geral		**122**	**100**

Fontes: inquéritos Kouadio, setembro de 2020

Este quadro mostra que os repatriados residiam em pelo menos 22 regiões e distritos autónomos diferentes. De notar que 15 das 22 regiões administrativas que serviram de última residência são regiões florestais aptas para a agricultura. Estas regiões são Haut-Sassandra, Marahoué, Nawa, Guémon, Lôh-Djiboua, TAgneby-Tiassa, Cavally, Gboklé, San Péddro, Bas Sassandra, Grands ponts, Indénié-Djablin, Gôh, Moronou e Tonkpi, representando 81,97%. As regiões mais procuradas são as frentes pioneiras do café e do cacau de Haut-Sassandra, Nawa e Marahoué. Estes foram os últimos locais de residência de 22,13%, 13,93% e 9,02% dos jogadores, respetivamente.

2.1.5 Principais actividades realizadas

As principais actividades exercidas são as que ocupam a maior parte do tempo dos actores durante a sua estadia fora da subprefeitura de Boli. A figura 7 mostra a taxa de representação das diferentes actividades, que são a agricultura, as actividades liberais (comércio, restauração e mecânica), as actividades assalariadas nos sectores público e privado, os estudos e as aprendizagens, e as tarefas domésticas. O gráfico mostra que a grande maioria dos inquiridos se dedicava à agricultura (67,21%) quando emigraram de Boli.

Figura 7: Repartição das principais actividades das partes interessadas durante a emigração

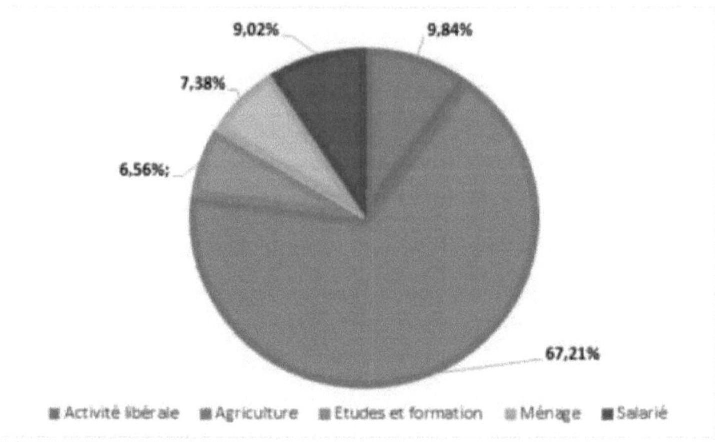

Fontes: inquéritos Kouadio, setembro de 2020

2.1.6 Duração da emigração

Este é o tempo passado fora da sub-prefeitura de Boli pelos migrantes que regressam. Estes passaram vários anos fora dos seus locais de origem. As nossas investigações e inquéritos revelaram que o tempo de emigração varia de 2 a 35 anos. O tempo passado divide-se em cinco períodos:

> [0-5 anos [: 4,10% dos repatriados
> [5-10 anos [: 7,68% dos repatriados
> [10-15 anos [: 5,74% dos repatriados
> [15-20 anos [: 4,10% dos repatriados
> [20 anos e mais [: 78,69% dos repatriados

É evidente que a grande maioria dos migrantes (78,69%) gastou mais de
20 anos nas suas áreas de origem.

2.1.7 Contactos com antigas residências

O objetivo é avaliar os laços que os repatriados mantiveram com os seus antigos lares. Os contactos são comunicações escritas ou orais ou visitas regulares a esses locais. A figura 8 mostra a taxa de contacto mantida entre os actores e as suas residências anteriores ao seu regresso a Boli, que ascende a 50,82%. Verifica-se que apenas metade dos actores (50,82%) manteve contacto com as suas antigas residências.

Figura 8: Manutenção do contacto entre os repatriados e os antigos residentes

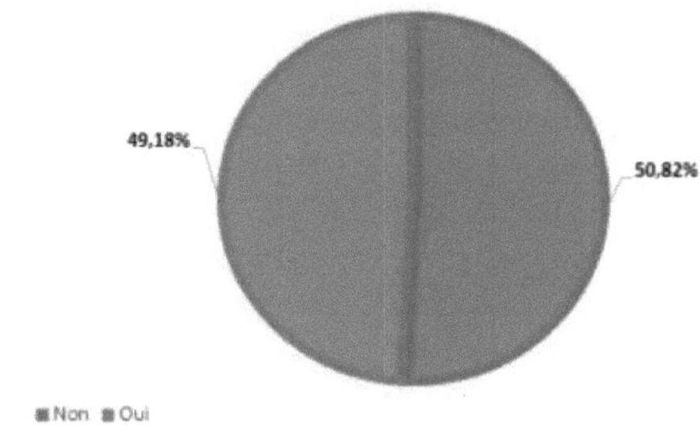

Fontes: inquéritos Kouadio, setembro de 2020.

2.1.8 Ganhos com a emigração

Quando questionados sobre o que tinham conseguido com o seu rendimento de emigração, cerca de dois terços (63,93%) não tinham conseguido nada enquanto emigraram.

Figura 9: Benefícios da emigração

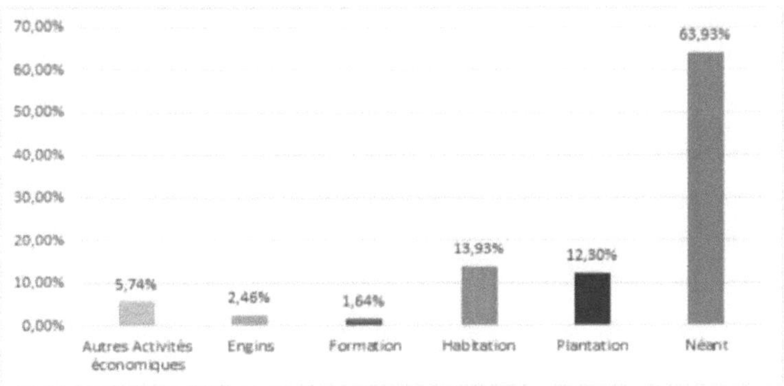

Fontes: inquéritos Kouadio, setembro de 2020

2.1.9 Factores de partida das residências anteriores antes do regresso a Boli

Em algum momento das suas vidas, a nossa população-alvo emigrou do seu local de origem durante vários anos. Atualmente, regressam à sua terra natal por diversas razões. Quando questionados sobre o fator que motivou cada inquirido a deixar a sua antiga casa, foram dadas várias respostas. Dividimo-las em três grupos: factores económicos com 36,89% (a vida tornou-se difícil, necessidade de investir na aldeia, perda de emprego, falta de rendimentos), factores político-militares com 20,49% (conflitos de terra, as crises de 2002 e 2011) e os factores sociais com 42,62% (gestão da família na aldeia, gestão da aldeia, morte de um familiar, problemas de vizinhança, gravidez, casamento, divórcio, insucesso escolar, fim da formação, velhice, reforma). Os factores sociais são dominantes (Figura 10).

Figura 10: Repartição dos factores que incentivam as pessoas a abandonar as suas casas antigas

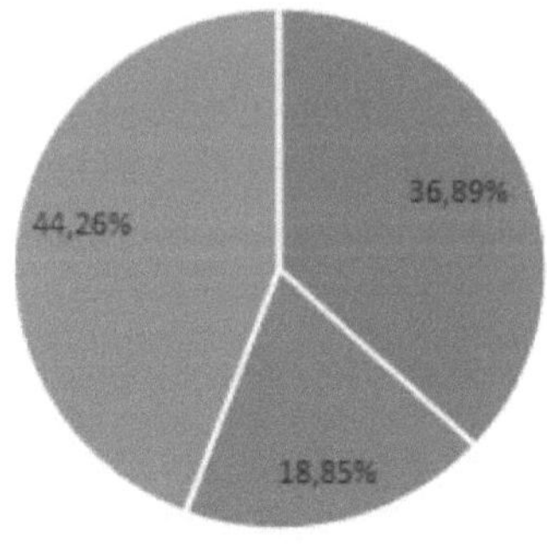

Económica ■ Militar ■ Social

Fontes: inquéritos Kouadio, setembro de 2020

2.2 Factores relativos à sub-prefeitura de Boli

2.2.1 Factores determinantes da partida de Boli

Estas foram as razões que levaram as pessoas a abandonar a sub-prefeitura de Boli. A grande maioria dos inquiridos (69,67%) invocou factores económicos, nomeadamente a exploração madeireira e a procura de emprego, para justificar a saída. As razões sociais foram também mencionadas por 30,33% dos inquiridos. A figura 11 mostra as diferentes tendências.

Figura 11: Repartição das razões para abandonar a aldeia.

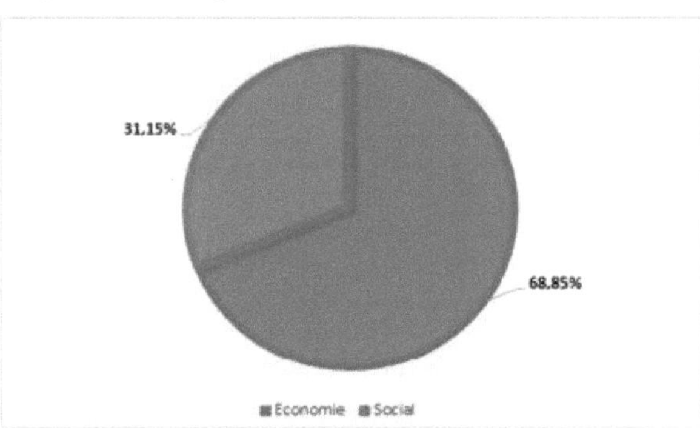

Fontes: inquéritos Kouadio, setembro de 2020

2.2.2 Um regresso à aldeia que se acentuou com o tempo

No questionário, foi levantada a data de mudança para a aldeia. As respostas estão agrupadas de acordo com os seguintes parêntesis: [0-5 anos [, 5-10 anos [, 10-15 anos [, 15-20 anos [e 20 anos e mais [. A Figura 12 mostra que a tendência para a migração de retorno aumentou nos últimos 10 anos (64,75%), especialmente desde 2015, quando 39,34% dos migrantes de retorno eram actores. Este período de 10 anos coincide com a crise pós-eleitoral de 2010-2011. Note-se que o início dos últimos 10 anos (2011) coincide com a crise pós-eleitoral de 20102011. Registou-se também um ligeiro aumento do número de chegadas entre as idades de [15 - 20], devido à crise político-militar de 2002.

Figura 12: Repartição das datas de mudança para a aldeia por grupo etário

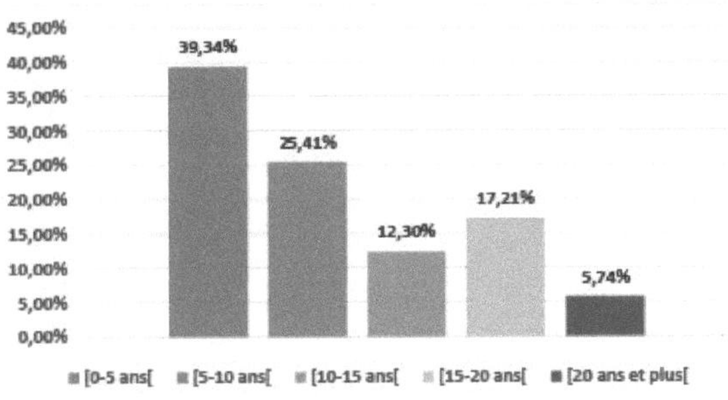

■ [0-5 anos[■ [5-10 anos[■ [10-15 anos[■ [15-20 anos[■ [20 anos e mais[

Fonte: inquéritos Kouadio, setembro de 2020

2.2.3 Motivos da mudança para a aldeia em função da idade

Estes são os factores que favoreceram a reinstalação na aldeia, daí a escolha de não continuar a residir na residência anterior. É certo que as pessoas encontram razões que consideram suficientes para deixar os seus locais de residência anteriores, mas em vez de se deslocarem para outras circunscrições administrativas da Costa do Marfim, preferiram regressar à aldeia. Vários factores motivaram a sua escolha de regressar à subprefeitura de Boli. As entrevistas e o questionário revelaram dois factores principais: o fator social (descanso, gestão familiar, gestão da aldeia, segurança, casamento, reforma, aldeia natal) e o fator económico (investimento na aldeia, custo de vida mais baixo, disponibilidade de terras, agricultura). A figura 13 ilustra a distribuição destes factores. Além disso, em geral, e contrariamente aos resultados iniciais, os factores sociais representam dois terços do total. Note-se igualmente que as pessoas com 45 anos ou mais são as mais preocupadas com o fator social, enquanto os mais jovens se instalaram principalmente por razões económicas.

Figura 13: Repartição dos motivos de reinstalação na sub-prefeitura de Boli de acordo com a idade

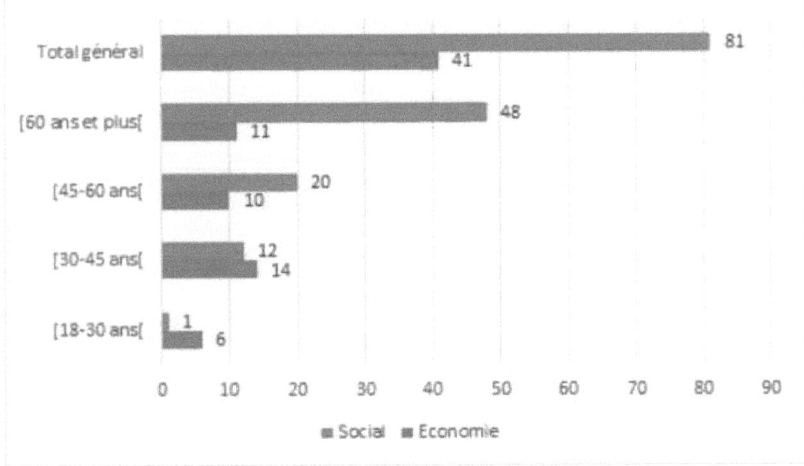

Fonte: RGPH 2014 e inquéritos Kouadio de setembro de 2020

Conclusão parcial do capítulo II

A maior parte dos repatriados da subprefeitura de Boli cultivava há mais de 20 anos nas zonas florestais da Costa do Marfim. Com uma taxa de conclusão inferior a 34%, a nossa população-alvo intensificou o regresso às suas terras de origem desde a crise pós-eleitoral de 2010 por razões militares, económicas e sobretudo sociais. A maioria das pessoas migrantes com 45 anos ou mais regressou à aldeia por razões económicas, enquanto os mais jovens estão lá por razões económicas.

CAPÍTULO III: COEXISTÊNCIA PACÍFICA E DESENVOLVIMENTO ACTIVIDADES ECONÓMICAS DOS MIGRANTES QUE REGRESSAM

3.1 Integração social através da coexistência pacífica

A integração social dos migrantes que regressam à região administrativa de Boli tem em conta a residência de outros membros da família, ou seja, filhos e cônjuges, e as relações com outros membros da comunidade.

3.1.1 As residências de outros membros da família

3.1.1.1 Crianças

Os filhos dos retornados vivem com eles ou fora da sub-prefeitura de Boli, e alguns vivem com eles e outros fora de Boli. De acordo com as nossas investigações, os migrantes cujos filhos vivem com eles e outros vivem fora do distrito administrativo são os mais numerosos. Estas investigações estão resumidas na figura 14, que mostra que estes pais representam 64,91% do total dos inquiridos. Pode, portanto, estimar-se que cerca de dois terços dos repatriados têm alguns dos seus filhos a viver com eles e outros a viver fora de Boli. Um quarto dos actores (25,44%) tem os seus filhos a viver longe deles. Apenas 9,65% dos inquiridos têm todos os seus filhos a viver sob o mesmo teto que eles.

Figura 14: Estatísticas de residência dos filhos de migrantes regressados em relação aos seus pais

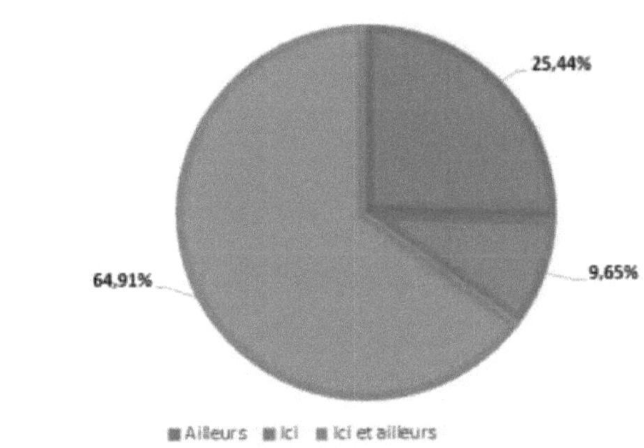

Fonte: inquéritos Kouadio, setembro de 2020

3.1.1.2 Cônjuges

Tal como as crianças, os cônjuges da nossa população-alvo vivem com eles ou noutro local, ou em parte com eles e em parte fora da subprefeitura de Boli para aqueles que são polígamos. No entanto, em contraste com os resultados relativos aos filhos, as estatísticas do Quadro 15 mostram que pouco mais de três quartos (77,65%) dos inquiridos com um ou mais cônjuges vivem com eles. 15,29% destes inquiridos têm os seus cônjuges a viver noutro local, enquanto apenas 7,06% têm alguns dos seus cônjuges a viver com eles e alguns dos seus cônjuges a viver fora de Boli. Isto pode ser explicado pelo facto de o cônjuge ou cônjuges que vivem fora de Boli exercerem uma atividade que não pode ser exercida em Boli, ou terem ficado na residência anterior para gerir o trabalho do marido.

Figura 15: Estatísticas sobre o local de residência dos cônjuges

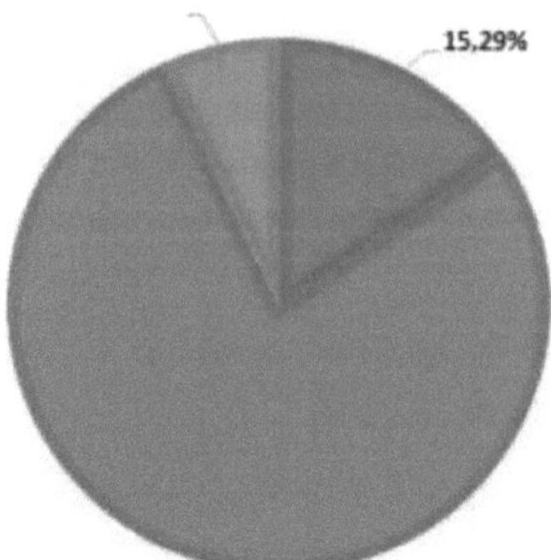

Fonte: inquéritos Kouadio, setembro de 2020

3.1.2 Viver bem com os outros membros da comunidade

Os outros membros da comunidade aqui mencionados são os vizinhos da aldeia ou do local onde a atividade é desenvolvida e toda a população da subprefeitura.

3.1.2.1 Vizinhos

Quando se perguntou se o entrevistado já tinha tido um conflito de grande escala com um vizinho que exigiu a mediação de uma autoridade, seja ela consuetudinária, administrativa, policial ou judicial, com um vizinho na aldeia ou no bairro, ou com vizinhos no seu local de trabalho, apenas 3 pessoas em 122, ou 2,46%, disseram que tinham sido confrontadas com tais situações. O sub-prefeito e todos os chefes de aldeia entrevistados afirmaram também que as pessoas viviam pacificamente com a população local. A figura 16 ilustra este facto. Estas altercações estão ligadas à política, a uma rivalidade amorosa e à demarcação de terras aráveis.

Figura 16: Litígios com vizinhos

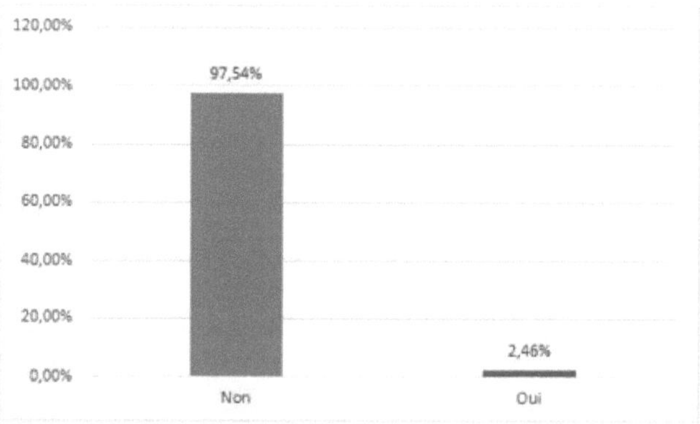

Fonte: inquéritos Kouadio, setembro de 2020

3.1.1.1 Nível de satisfação com a resolução de litígios

É de notar que todos os nossos inquiridos testemunharam que o chefe da aldeia ou do bairro (para os que vivem em Boli) é a única pessoa que resolve os litígios na sua localidade. Os seus níveis de satisfação variam quando se trata de julgar o procedimento de resolução de litígios e o veredito resultante. Os níveis de satisfação variam entre a satisfação total, a insatisfação e a satisfação ocasional. Com uma frequência de 91,80%, a satisfação total é, de longe, o ponto de vista mais generalizado. Segue-se a meia-satisfação com 6,56%. Quanto aos insatisfeitos em qualquer altura, representam apenas 1,64% dos repatriados. A figura 17 ilustra o grau de satisfação.

Figura 17: Nível de satisfação com a resolução de conflitos

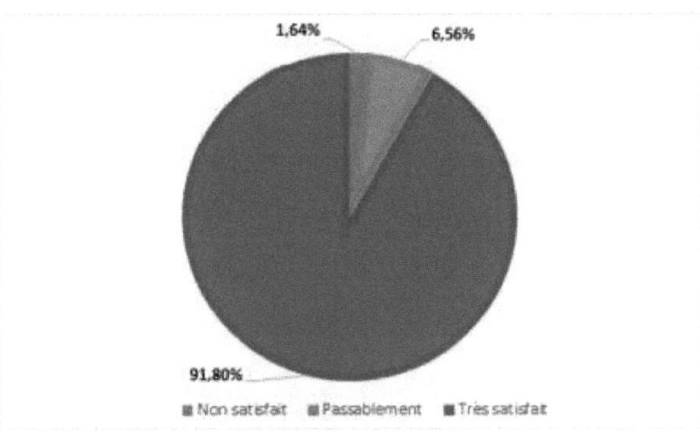

Fonte: inquéritos Kouadio, setembro de 2020

3.2. Integração económica através de actividades e realizações económicas
3.2.1 Uma vasta gama de actividades
3.2.1.1 Principais actividades

Quando questionados sobre as várias actividades económicas exercidas pelos retornados, foram dadas várias respostas diferentes. Entre elas, cabeleireiro, comércio, costura, culturas de exportação, culturas alimentares e hortas, criação de gado, mecânica, produção de attiéké, produção de carvão e restauração. As figuras religiosas e as donas de casa também estavam presentes. A fotografia 2 destaca algumas das actividades desenvolvidas pelos migrantes regressados. Foto A: Plantação de castanha de caju; Foto B: Campo de inhame; Foto C: Campo de mandioca; Foto D: Fábrica de Attike. A partir destas respostas, constatamos a preponderância das actividades agrícolas (85,24%). Esta agricultura é ultra-dominada por culturas alimentares como o inhame, a mandioca e, por vezes, o arroz. As culturas de exportação são principalmente a castanha de caju e algumas plantações de dendém. Depois das actividades agrícolas, o comércio continua a ser uma das principais actividades das pessoas envolvidas, embora apenas 4,92% dos migrantes se dediquem principalmente a esta atividade.

Foto 2: Algumas das principais actividades económicas dos migrantes que regressam

Photo C   Photo D

Fonte: inquéritos Kouadio, setembro de 2020

3.2.1.2 Actividades auxiliares

Os retornados exercem uma atividade económica secundária. Estas actividades ocupam mais de 61% desta população-alvo. A agricultura desempenha um papel importante, uma vez que é praticada por mais de 54% dos retornados, como mostra o quadro 10.

Quadro 10: Repartição das actividades económicas secundárias dos repatriados

Actividades relacionadas	Número de migrantes	Taxa de representação (%)
fabricante de tijolos	1	0,82
Comércio	3	2,46
Costura	1	0,82
Culturas de exportação	38	31,15
Culturas alimentares	28	22,95

38

Reprodução	1	0,82
Nenhum	50	40,98
Total	**122**	**100**

Fonte: inquéritos Kouadio, setembro de 2020

3.2.1.3 As actividades mais rentáveis

Quando as pessoas se dedicam a duas actividades geradoras de rendimentos, é evidente que uma delas é mais rentável do que a outra. Por esta razão, mais de 80% dos retornados obtêm mais lucros das actividades económicas agrícolas. Entre estas actividades agrícolas, as culturas alimentares ocupam o primeiro lugar para 56,56% dos retornados. Justificam-no pelo facto de as plantações de caju serem ainda jovens, uma vez que a maior parte deles são recém-chegados. De facto, 39,64% dos actores chegaram há menos de 5 anos. Depois das actividades económicas, o comércio ocupa o segundo lugar com 6,56% dos actores. O quadro 11 apresenta-nos as taxas de representação das actividades que geram mais rendimentos entre os retornados.

Quadro 11: Actividades mais rentáveis dos retornados

Actividades relacionadas	Número de migrantes	Taxa de representação (%)
Penteado	1	0,82
Comércio	8	6,56
Costura	1	0,82
Culturas de exportação	28	22,95
Culturas de pântanos	1	0,82
Culturas alimentares	69	56,56
Reprodução	2	1,64
Engenharia mecânica	1	0,82
O Ménage	1	0,82
Nenhum	5	4,10
Oração	1	0,82
Produção de attiéké	1	0,82
Produção de carvão	1	0,82
Restauração	2	1,64
Total geral	**122**	**100**

Fonte: inquéritos Kouadio, setembro de 2020

3.2.1.4 Problemas encontrados na realização das actividades

Tal como os outros trabalhadores da sociedade, a maioria dos migrantes que regressam ao país depara-se com problemas no exercício das suas actividades. Apenas 41,62% deles não têm problemas. Estes problemas são mais de carácter financeiro. As outras dificuldades, por ordem de importância, são: danos provocados por animais, deterioração da saúde, condições climatéricas, falta de mão de obra, poucos clientes, vizinhos, falta de terra arável e infra-estruturas deficientes. A figura 18 apresenta em pormenor estas dificuldades.

Figura 18: Dificuldades encontradas pelos repatriados no exercício das suas actividades

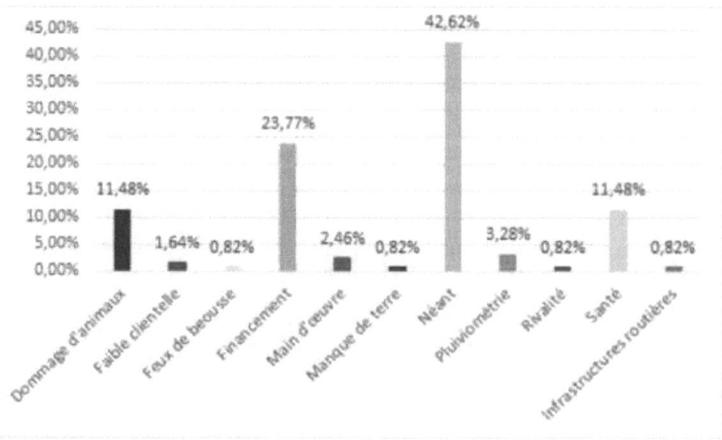

Fonte: inquéritos Kouadio, setembro de 2020

3.2.2 Espaço de atividade
3.2.2.1 Acesso ao espaço de produção

As modalidades de acesso ao espaço de produção referem-se às formas através das quais o migrante regressado obteve acesso ao seu local de produção. Na sub-prefeitura de Boli, os nossos inquéritos revelaram três modalidades: a propriedade familiar para 92,62% dos inquiridos da nossa população-alvo, o arrendamento para 4,92% deles e as ofertas para 2,46% dos actores. A figura 19 ilustra a nossa análise.

Figura 19: Acesso ao capital de produção

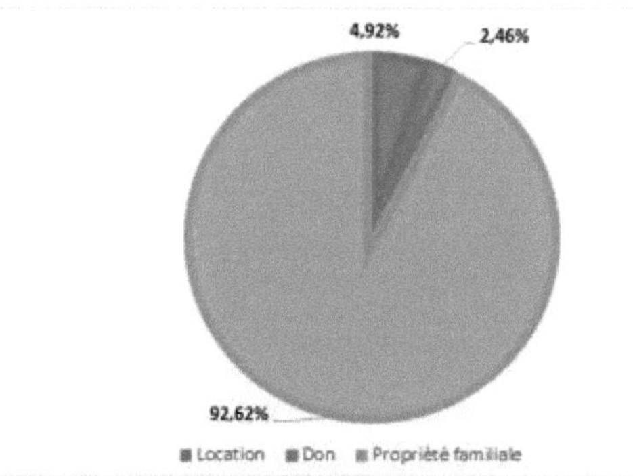

O canal de informação é a fonte de informação sobre a disponibilidade de capital de produção para a empresa. De acordo com as nossas investigações, foram apontadas 4 fontes. Em primeiro lugar, os pais (86,89%), depois o cônjuge (7,38%), em seguida o próprio migrante (3,28%) e, finalmente, outra fonte (2,46%) (Figura 20).

Figura 20: Canal de informação para o acesso ao capital de produção

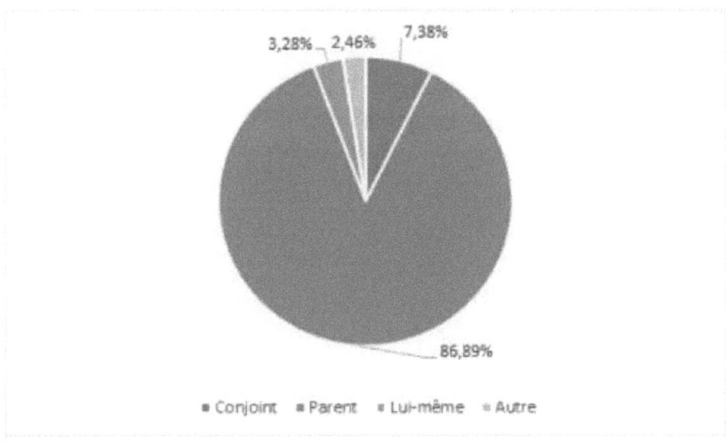

Fonte: inquéritos Kouadio, setembro de 2020

3.2.2.3 O tempo de pousio

A duração do pousio é estruturada por escalões. Os pousios de 20 anos ou mais são os mais utilizados. São utilizados por 40,75% dos agricultores migrantes. A seguir a estes, 28,57% dos intervenientes cultivam os pousios com um tempo de repouso que varia entre 10 e menos de 20 anos. Os pousios com um período de repouso entre 5 e menos de 10 anos são cultivados por 25,89% dos agricultores. Apenas uma pequena porção com menos de 5 anos é utilizada como terra arável por 1,79% dos migrantes de retorno que praticam a agricultura (figura N°21). As pessoas que não cultivam a terra não podem, portanto, dedicar tempo ao pousio.

Figura 21: Tempo gasto pelos pousios utilizados

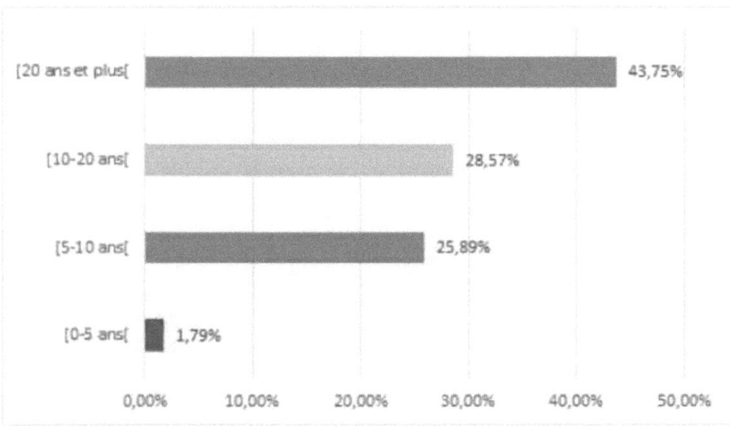

Fonte: inquéritos Kouadio, setembro de 2020

3.2.2.4 Qualidade do solo

Quando questionados sobre a qualidade das terras agrícolas, 73,77% das partes interessadas consideraram que o solo era de muito boa qualidade. No entanto, 19,67% dos retornados consideraram que a qualidade do seu solo era razoável, enquanto 6,56% consideraram que era má. A figura 22 é uma tradução. O nosso inquérito mostrou que os solos cultivados são adequados para a agricultura. Isto é o resultado do longo tempo de pousio cultivado. De facto,

41

72,32% dos pousios cultivados têm 10 anos ou mais.

Figura 22: Nível de satisfação com a qualidade do solo

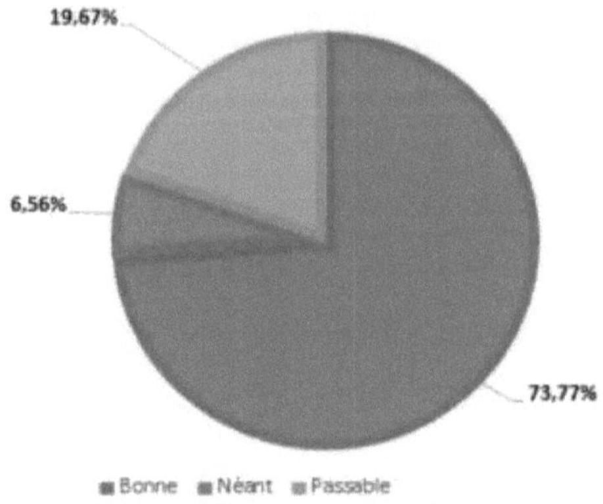

Fonte: inquéritos Kouadio, setembro de 2020

3.2.3. Uma taxa de conclusão elevada

3.2.3.1 Realizações

Os retornados ao distrito administrativo de Boli têm a seu crédito uma série de projectos socioeconómicos, incluindo habitação, actividades geradoras de rendimento como plantações, campos, quintas e várias outras actividades por conta própria. A fotografia 3 mostra alguns desses projectos. Globalmente, a taxa de realização destes projectos é de 65,57%. Note-se, no entanto, que 31,86% dos inquiridos têm projectos no sector agrícola (Figura 23).

Foto N°3 : uma casa e uma plantação de cajueiros pertencentes a migrantes que regressaram

Fonte: Inquéritos Kouadio, setembro de 2020

Figura 23: Realizações dos repatriados.

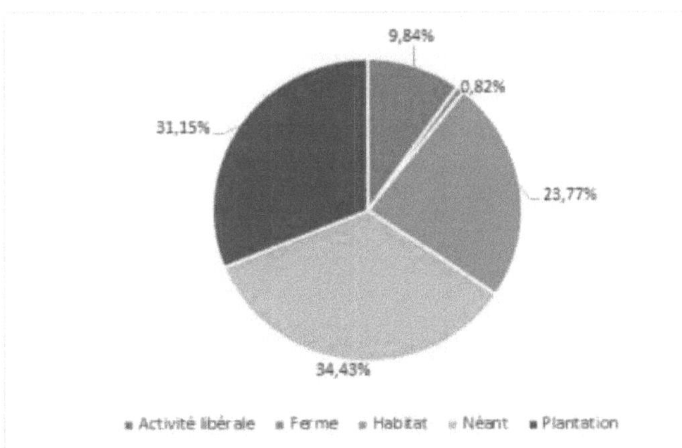

Fonte: inquéritos Kouadio, setembro de 2020

3.2.3.2 Resultados por género

O lote de repatriados inclui ambos os sexos, com os homens a representarem 67,21% do total. No entanto, uma análise das taxas de conclusão por sector de atividade e da conclusão global revela uma elevada proporção de mulheres no trabalho por conta própria. Elas ocupam 58,33% dos empregos por conta própria e estão ausentes das actividades agro-pastoris. Também estão menos presentes na construção de habitações (10,34%) e nas plantações (21,05%).

Figura 24: Resultados por género

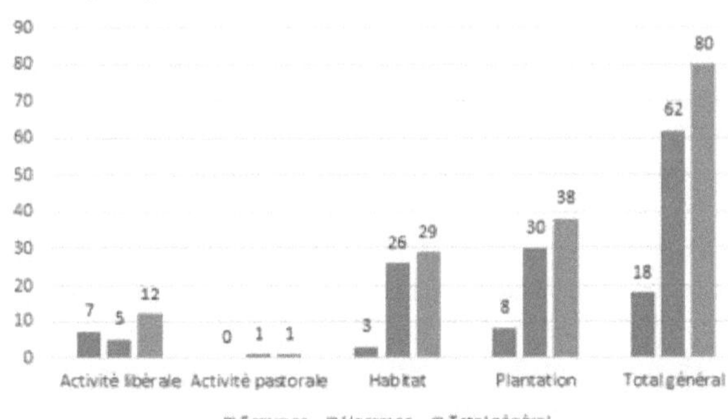

Fonte: inquéritos Kouadio, setembro de 2020

No total, as mulheres representam 22,50% dos resultados dos retornados na sub-prefeitura de Boli, enquanto 32,79% dos retornados são mulheres. Podemos, portanto, concluir que as mulheres retornadas realizam menos do que os seus homólogos masculinos. Esta baixa taxa de investimento feminino deve-se à elevada proporção de mulheres solteiras e viúvas entre elas, o que reduz o seu poder financeiro. A figura 24 fornece pormenores.

3.2.3.3 Resultados por grupo etário

A análise dos resultados obtidos pelos migrantes após o seu regresso à sub-prefeitura de Boli revela uma taxa de resultados de 65,57%. A análise da relação entre a idade e os resultados obtidos mostra que os migrantes mais velhos obtêm mais resultados do que os mais jovens. De facto, as taxas de conclusão para os grupos etários [60 anos e mais [, [45 - 60 anos [, [30 - 45 anos] e [15 - 30 anos] são de 67,80%, 66,67%, 61,54% e 57,14%, respetivamente. Quanto aos mais jovens, os de [18-30 anos] registaram uma taxa de conclusão de 57,14%. Esta baixa taxa entre os mais jovens pode ser explicada pelo facto de estarem a começar a investir. A figura 25 ilustra a nossa análise.

Figura 25: Taxa de migração de retorno em cada grupo etário

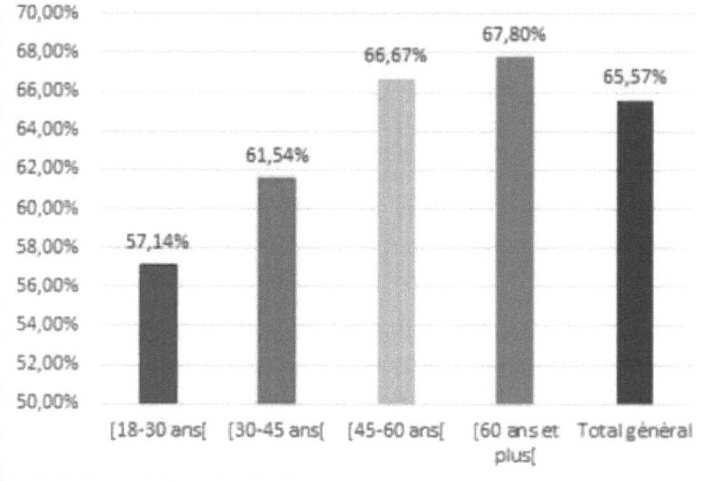

Fonte: Inquéritos Kouadio, setembro de 2020

3.2.3.4 Data de regresso e taxa de conclusão

Uma análise dos resultados alcançados desde a sua chegada mostra que todos os grupos etários de repatriados têm uma taxa de conclusão superior a 50%. No entanto, os que regressaram há mais de 10 anos têm uma taxa de realização superior a 64%, enquanto os seus homólogos que regressaram há menos de 10 anos têm uma taxa de realização de 57,14%. Esta diferença na taxa de realização explica-se pelo facto de os primeiros chegados terem podido tirar partido dos seus investimentos, incluindo as plantações de castanha de caju, o que não é o caso dos recém-chegados que só agora iniciaram os seus investimentos. A figura 26 mostra os pormenores desta análise.

Figura 26: Taxa de conclusão para os migrantes regressados

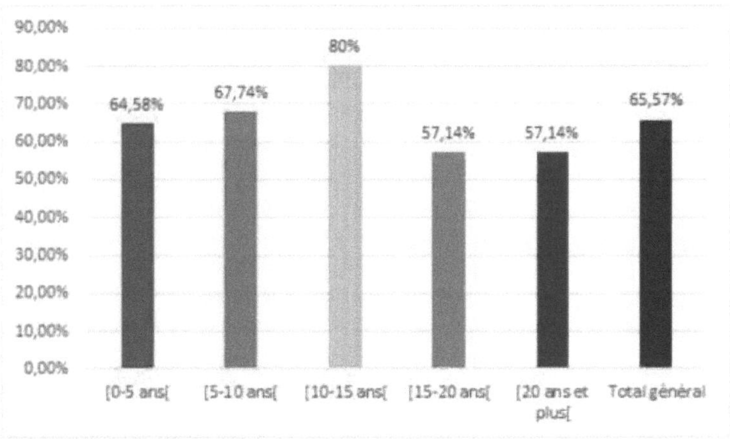

Fonte: inquéritos Kouadio, setembro de 2020

Conclusão parcial do capítulo III

Do ponto de vista social, alguns dos retornados à subprefeitura de Boli vivem com os seus cônjuges e alguns dos seus filhos vivem com eles, enquanto outros vivem fora da subprefeitura. Uma grande maioria nunca esteve em conflito com um vizinho e está em sintonia com o método de resolução de conflitos.

Do ponto de vista económico, praticam mais a agricultura de subsistência em terras familiares, embora enfrentem dificuldades relacionadas com a falta de financiamento, os danos causados por animais selvagens e a saúde. Apesar de todas estas dificuldades, registam uma taxa de realização de 65,57%.

CONCLUSÃO GERAL

A maioria dos repatriados da subprefeitura de Boli trabalha há mais de 20 anos na agricultura nas zonas florestais da Costa do Marfim. Intensificaram o regresso às suas terras de origem após a crise pós-eleitoral de 2010 por razões militares, económicas e, sobretudo, sociais. A maioria dos repatriados tem 60 anos ou mais, é do sexo masculino, analfabeta, cristã, monogâmica e vive em união de facto. Têm uma média de 6,92 filhos, 82% dos quais frequentam a escola, e muitos dependentes. A sua integração social é conseguida sem dificuldade através da residência com as respectivas famílias e da coexistência pacífica com os vizinhos da aldeia e da comunidade subprefeitural. A integração económica é feita em grande parte através da agricultura, dominada por culturas alimentares cultivadas em terrenos familiares. Queixam-se de dificuldades relacionadas com a falta de financiamento, os danos causados por animais selvagens e a saúde. Apesar de todas estas dificuldades, os retornados para a subprefeitura de Boli conseguiram realizações que vão desde a construção de habitações a actividades económicas.

REFERÊNCIAS BIBLIOGRÁFICAS

AMBROSINI M. (2010), Migrants in the shadows. Causas, dinâmicas, políticas de imigração irregular, artigo publicado na revista "European Journal of International Migration", vol. 26 - n°2

BADIE B (1993), Flux migratoires et relations transnationales, Migrations et relations transnationales Volume 24, número 1

BEAUCHEMIN C. (1999), Emigration urbaine, crise économique et mutations des campagnes en Côte d'Ivoire, artigo publicado na revista "ESPACE, POPULATIONS, SOCIETES", 1999, n°4.

BEAUCHEMIN C. (1999), Emigration urbaine, crise économique et mutations des campagnes en

Costa do Marfim, artigo publicado na revista "Espace, populations, sociétés" - janeiro de 1999

BEAUCHEMIN C. (2000), Le temps du retour ? A emigração urbana na Costa do Marfim, um estudo geográfico 406 p.

BEAUCHEMIN C. (2004). Pour une relecture des tendances migratoires internes entre villes et campagnes: une étude comparée Burkina Faso-Côte d'Ivoire. Cahiers québécois de démographie, 33 (2), 167-199.

BROUWEZ C. (2017), Migração internacional: como atuar aqui? Centre Avec.

CERASE F. (1970), "Nostalgia or disenchantment: considerations on return migration" in The Italian experience in the United States edited by S.M. Tomasi and M.H. Engel, Center for migration studies, New York, 1970, pp. 217-239.

DAGNOGO F. ET AL. (2012), "Le chemin de fer Abidjan-Niger : la vocation d'une infrastructure en question", EchoGéo [Em linha], 20| 2012

DASGUPT A, (1981), Biplab. "Rural-urban migration and rural development" in Why people move edited by Jorge Balan, The Unesco press, Paris, 1981, pp. 43-58.

DAUM C. (2007) Migração, regresso, não-retorno e mudança social no país de origem In :

Petit V. (ed.) Migrations internationales de retour et pays d'origine Nogent-sur-Marne, 2007, CEPED, 157-169. (Encontros)

DIAN B. (200), Aspects géographiques du binôme café cacao dans l'économie ivoirienne,

FLAHAUX M. L. (2009), Les migrations de retour et la réinsertion des sénégalais dans leur pays d'origine, Université catholique de Louvain, 135p

GRIMMEAU J.-? ET AL. (2003), " Tourisme et démographie à l'échelle locale en Belgique ", Espace, populations et sociétés, 2, pp. 263-275

GUBRY P. ET AL. (1996), le retour au village. Une solution à la crise économique au Cameroun? L'harmattan 207p

GUICHARD-CLAUDIC Y. (2001), "Le choix résidentiel de communes rurales bretonnes au moment de la retraite. Des enjeux identitaires diversifiés", Espace, populations et sociétés, 1-2, pp. 139-150

JAUHIAINEN J. S. (2009), "Will the Retiring Baby Boomers Return to Rural Periphery?", Journal of Rural Studies, 25, pp. 25-34, http://dx.doi.org/10.1016/j.jrurstud.2008.05. 001

LESOURD M. (1985), L'exode rural des Baoulé et l'urbanisation de la Côte d'Ivoire. In: Espace, populations, sociétés, 1985-1. Migrações e urbanização - Migrações e cidades. pp. 62-69

LINDSTROM ET AL. (1996), "Economic opportunity in Mexico and return migration from the United States" in Demography, vol. 33, no 3, agosto de 1996, pp. 357-374. 33, n.° 3, agosto de 1996, pp. 357-374.

LIPTON M. (1980), "Migration from rural areas of poor countries: the impact on rural productivity and income distribution" in World development, vol. 8, Pergamon Press Ltd, 1980, pp. 1-24.

Mboup, B. (2020) Profils migratoires et insertion socio-économique des migrants de retour au Sénégal, La revue des Sciences Sociales " Kafoudal " N° Spécial Janvier 2020

MIREM (2007), Relatório Geral, 162p

NAÇÕES UNIDAS (2014), World urbanization Prospects: the 2014 Revision. Divisão de População do Departamento de Assuntos Económicos e Sociais. Nova Iorque, Nações Unidas. 32 p.

NDIONE B. ET AL. "Diagnostic des projets de réinsertion économique des migrants de retour: étude de cas au Mali (Bamako, Kayes)", European Journal of International Migration [Online], vol. 20 - n°1 | 2004, em linha desde 25 de setembro de 2008

NEI, Abidjan: Les nouvelles éditions africaines, 1978, 111 p.

NIEDOMYSL T ET AL. (2011), "Why Return Migrants Return: Survey Evidence on Motives for Internal Return Migration in Sweden", Population, Space and Place, 17, pp. 656-673

OCDE (2017), "Capitalising on return migration by making it more attractive and sustainable" in Interrelations between Public Policies, Migration and Development, OECD Publishing, Paris. 283p.

OIM (2013), Migração Internacional, Saúde e Direitos Humanos, 2013, 68 p

ON-JOOK ET al, "Adaptation in the city and return home: a dynamic approach to urban-to-rural return migration in the Republic of Korea" in Why people Move, editado por Jorge Balàn, The Unesco Press, Paris, 1981, pp. 230-241.

PETIT ROBEERT: https://dictionnaire.lerobert.com/defmition/retour 05/10/2020

PETIT V. (2007), Migrations internationales de retour et pays d'origine, CEPED, Rencontres 208p

PIGUET E. (2013) Les théories des migrations. Síntese das tomadas de decisão individuais, artigo publicado na revista "in Revue européenne de migrations internationales" - setembro de 2013

POTVIN D. (2006), Les jeunes adultes migrants de retour, un potentiel pour le développement de leur région d'origine, 309p.

RALLU J. L. (2003) Institut national d'études démographiques, Paris, Démographie:

RGPH 2014: Recenseamento Geral da População e do Habitat 2014 (General Census of Population and Housing 2014)

SANDERSON J.-P. (2015), Retour des retraités en ville : Mythe ou réalité ? Étude des migrations des 50-69 ans à Bruxelles, REVUE QUETELET/QUETELET JOURNAL Vol. 3, n° 1, outubro 2015, pp. 51-74

THOMSIN L. (2001), "Les mobilités de la retraite", M. LEGRAND (ed), La retraite : une révolution silencieuse, Éres, Toulouse, pp. 223-242.

VON REICHERT C. (2001), "Returning and New Montana Migrants: Socio-economic and Motivational Differences", Growth and Change, 32, pp. 447-465

WALDORF B. (1995), "Determinants of international return intentions" in Professional Geographer, vol. 47, no 2, 1995, p. 125-136.

WYMAN M. (2001), "Return migration-Old story, New story" in Immigrants&Minorities, vol. 20, n.º 1, março de 2001, pp. 1-18. 20, n.º 1, março de 2001, pp. 1-18.

ZEKRI B. H. (2007), La migration de retour en Tunisie. Etude du cadre législatif, du contexte socioéconomique et des processus de réinsertion des migrants de retour, Rapport d'analyse MIREM-AR 2007/04.

49

QUESTIONÁRIO

INTEGRAÇÃO SOCIOECONÓMICA DOS MIGRANTES QUE REGRESSAM AO PAÍS

A SUB-PREFEITURA DE BOLI

FICHEN°   DATA: /   /2020

I.   PERFIL DAS PESSOAS QUE REGRESSAM À SUBPREFEITURA DE BOLI

1.   Local de residência :   QuartierVillage
2.   Idade : [18-30[□ ; [30-45[□ ; [45-60[□ ; [60ans et plus [□
3.   Género: H □ ; F □
4.   É nativo   ;   Alóctone □ ; Estrangeiro □
5.   Grupo étnico :
6.   A sua nacionalidade :
7.   Estado civil: casado □ ; união de facto □ ;   solteiro □ ;   divorciado □ ; Viúva □
8.   És? Monogâmico □ Poligâmico □ Poliândrico □
9.   O(s) seu(s) cônjuge(s) é(são): Aborígene □; Alóctone □; Estrangeiro □
10. Número de filhos,
11. Número de raparigas   ;
12. Número de rapazes
13. Número de crianças na escola
14. Número de crianças que trabalham
15. Número de crianças que não frequentam a escola e/ou (da) escola
16. Porquê?
17. Número de pessoas a cargo
18. Nível de ensino: Não inscrito □ ; Primário □ ; Secundário □ ; Superior □
19. Quanto gastou nas suas actividades?
20. Religião: Cristã   ; Muçulmana □ ; Budista □ ; Animista □ ; Nenhuma □

II. DETERMINANTES DA MIGRAÇÃO DE RETORNO NA SUB-REGIÃO PREFEITURA DE BOLI

21. Razões para abandonar a aldeia
22. Quando é que deixou a sub-prefeitura de Boli? [0-5   anos [□ ; [5 10 anos [□ ; [10-15 anos [□ ; [10-20 anos [□ ; [20 anos e mais [□
23. Estava no campo □ ; na cidade □ ; em ambas as zonas □ ?
24. Em quantas regiões diferentes já viveu?
25. Em quantos países diferentes já viveu?
26. Principal atividade durante a sua emigração:
27. Atividade acessória exercida durante a sua emigração:
28. Em que região residiu pela última vez?
29. Razões para deixar a residência anterior
30. Contacto com o seu ponto de partida: Sim □ ; Não □
31. Razões para se mudar para a aldeia?
32. Há quanto tempo está reinstalado na subprefeitura de Boli? [0-5 anos [□ ; [5-10 anos [□ ; [10-15 anos [□ ; [15-20 anos [□ ; [20 anos e mais [□

33. O que é que conseguiu durante a sua emigração?

111.INTEGRAÇÃO NO TECIDO SOCIOECONÓMICO

NA SUB-PREFEITURA DE BOLI

34. Local de residência do(s) seu(s) cônjuge(s): Aqui ; Noutro local □ ; Aqui e noutro local □ ; Nenhum □

35. Local de residência dos seus filhos: Aqui □ ; Noutro lugar ; Aqui e noutro lugar □ ; Nenhum □

36. Teve algum conflito com os seus vizinhos no bairro ou na aldeia? Orii ; Não □

37. Em caso afirmativo, porquê?

38. Tem visto um aumento de problemas comunitários aqui? Sim□ ; Não□

39. Quais são as causas?

40. Organismos de resolução de litígios?

- o chefe da comunidade □-   o chefe da aldeia/bairro □-   o sub-prefeito □

- Gendarmerie □ - Tribunal Outro (especificar) :

41. Nível de satisfação com a resolução de litígios: Muito satisfatório □; RazoavelmenteQ; Não satisfatório □

42. Acesso ao capital de produção :

-     Propriedade familiar □- Compra a dinheiro-   Trabalho □-   Empréstimo □

-     Dotação do Estado □-   Aluguer □-   Donativo □-   Outro : □

43. Canais de informação relativos à disponibilidade de capital de produção: um pai □ o seu cônjuge □ você mesmo □ outro : □

44. Tem um "título de propriedade" (um pedaço de papel)? SimNão   □

45. Teve algum problema para se instalar? SimNão   □

46. Se sim, quais?

47. Já teve algum conflito com os seus vizinhos no seu local de trabalho? Sim Não □

48. Porquê?

49. Atividade principal após o regresso à aldeia:

50. Atividade complementar após o regresso à aldeia:

51. Qual é a atividade que lhe traz mais rendimentos todos os anos?

52. Qual é a superfície das suas culturas ou instalações comerciais?

53. Quanto tempo demora o pousio que cultiva? : [5-10[anos ; [10-20[□ anos ; [20 anos e mais [□

54. Como classificaria a qualidade deste solo? Mau □ - Razoável □ - Bom □

55. Problemas encontrados na realização das suas actividades 1 :

2 :

56. Melhorou o seu habitat residencial? Sim ; Não □

57. Realizações baseadas nas actividades da sua aldeia: 1:

2